設計者のための

コスト見積もり力養成講座

間舘 正義 著
Masayoshi Madate

日刊工業新聞社

はじめに

　昨今、わが国の製造業は、グローバル化の荒波に揉まれ、厳しい価格競争に巻き込まれています。

　こうした価格競争に対抗して、これまでわが国の多くの製造業では日本のものづくり技術の強みを生かした様々な創意工夫で優位性を保ってきました。しかし、生産の中心が海外工場に移るにしたがって、この日本の優位性が保てなくなりつつあります。それはとりもなおさず、設計者が、ものづくりの現場に触れることが減ってきたことに起因します。設計者がものづくり現場から得られる情報は、製品の品質や性能を維持し、最適なコストで物を設計するのに必要不可欠なものであり、製造拠点の海外移転は、こうしたまたとない機会を減らすことになっています。

　一方、製品開発では設計段階でのコストの作り込み（目標コスト）が強く求められるようになり、ものづくり知識とコストの関係を熟知しておく必要性がますます高まっています。つまり設計者には、自分たちを取り巻く環境と相反して、製造現場に対する想像力を働かせ、最適なコストを実現する能力が要求されることになってきたのです。さらに近年、製品設計部門では、開発期間の短縮や、開発費の低減のための流用設計が中心となり、目標コスト実現のためのアイデア力が重要視されてきませんでした。

　こうした背景のもと、本書では、ものづくりの基本に立ち返り、様々な加工とコストとの関係を整理し、基本的なコスト算出方法や安く作るための設計ノウハウを紹介しています。設計段階でのコストの作り込みの成否は、その設計者の「設計力」そのものに掛かっています。本書が、設計者自身のスキルアップのきっかけとなり、ひいては少しでもわが国の製造業のお役に立てれば著者にとって望外の喜びです。

2018 年 3 月　著者

目　次

はじめに

第1章　設計者の役割は、コスト面でますます重要になっている……1

1-1　製品コストの大半は設計段階で決まる……………………………2
1-2　儲かる製品づくりにはコスト見積りが大切になる………………4
1-3　コストの意識の欠如：材料を安易に決定した事例………………6
1-4　コストの意識の欠如：机上の計算のみで検討した事例…………8
1-5　コストの意識の欠如：メーカーの言葉をうのみにした事例……10

第2章　コスト見積りに関する基礎知識のまとめ……13

2-1　コスト見積りとは……………………………………………………14
2-2　コスト見積りと原価計算の違い（1）………………………………16
2-3　コスト見積りと原価計算の違い（2）………………………………18
2-4　同じ品目でも会社によって見積り金額は違う……………………20
2-5　いろいろな見積り方法がある………………………………………22
2-6　立場によってコストの見方は変わる………………………………24
2-7　コスト見積りの妥当性を求めるには………………………………26
2-8　コスト標準を設定するための要素…………………………………28

第3章　コスト見積りに必要な要因と算出の仕方……31

3-1　材料費の求め方（1）…………………………………………………32
3-2　材料費の求め方（2）…………………………………………………34
3-3　材料費の求め方（3）…………………………………………………36
3-4　加工費の求め方………………………………………………………38

3-5	加工費率の求め方（1）	40
3-6	加工費率の求め方（2）	42
3-7	加工費率の求め方（3）	44
3-8	加工時間（所要時間）の求め方（1）	46
3-9	加工時間（所要時間）の求め方（2）	48
3-10	加工時間（所要時間）の求め方（3）	50

第4章　図面から読み取る加工費の求め方【切削・研削】　53

4-1	旋削加工と加工コスト	54
4-1-1	旋削加工の種類と概要	54
4-1-2	旋盤の詳細工程と加工コストの求め方（1）	56
4-1-3	旋盤の詳細工程と加工コストの求め方（2）	58
4-1-4	旋盤の詳細工程と加工コストの求め方（3）	60
Column	旋盤加工で丸物形状以外も作れる	63
4-1-5	ポイント1　段付き加工のコーナーRと加工コスト	64
4-1-6	ポイント2　加工長さと加工コスト	66
4-1-7	ポイント3　加工外径と加工内径の精度と加工コスト	68
4-1-8	ポイント4　端面精度と加工コスト	70
4-1-9	ポイント5　素材形態と加工コスト（1）	72
4-1-10	ポイント6　素材形態と加工コスト（2）	74
4-2	転削加工と加工コスト	76
4-2-1	フライス加工の種類と概要（1）	76
4-2-2	フライス加工の種類と概要（2）	78
4-2-3	フライス加工の詳細工程と加工コストを求める（1）	82
4-2-4	フライス加工の詳細工程と加工コストを求める（2）	84
4-2-5	フライス加工の詳細工程と加工コストを求める（3）	88
4-2-6	ポイント1　平面加工と加工コスト	90

4-2-7	ポイント2　窓やポケットのコーナーRと加工コスト	92
4-2-8	ポイント3　段差、平行度と加工コスト	94
4-2-9	ポイント4　真円度を要求する穴と加工コスト（1）	96
4-2-10	ポイント5　真円度を要求する穴と加工コスト（2）	98
4-2-11	ポイント6　穴間ピッチと加工コスト	100
4-2-12	ポイント7　フライス加工での注意点と加工コスト	102

4-3　研削加工と加工コスト ········· 104

4-3-1	研削加工の種類と概要（1）	104
4-3-2	研削加工の種類と概要（2）	106
4-3-3	円筒研削盤の詳細工程と加工コストを求める	108
4-3-4	平面研削盤の詳細工程と加工コストを求める	110
4-3-5	ポイント1　研削作業の詳細と加工コスト	112
4-3-6	ポイント2　砥石と加工コスト	114

第5章　図面から読み取る加工費の求め方【プレス・板金】 ········· 117

5-1	プレス・板金加工の種類と概要（1）	118
5-2	プレス・板金加工の種類と概要（2）	120
5-3	プレス・板金加工の詳細工程と加工コストを求める（1）	122
5-4	プレス・板金加工の詳細工程と加工コストを求める（2）	124
5-5	プレス・板金加工の詳細工程と加工コストを求める（3）	126
5-6	ポイント1　プレス・板金での穴加工と加工コスト	128
5-7	ポイント2　プレス・板金での抜き加工と加工コスト	130
5-8	ポイント3　プレス・板金での曲げ加工と加工コスト	132
5-9	溶接作業の種類と概要	134
5-10	溶接作業の詳細工程と加工コストを求める	136
5-11	溶接作業の手順と加工コスト	138

第6章　図面から読み取る加工費の求め方【射出成形（プラスチック）】‥141

6-1	射出成形の種類と概要 ………………………………………………… 142
6-2	樹脂材料の選択基準を考える ………………………………………… 144

Column ここにもコストを見極めるポイントがある ……………………… 147

6-3	射出成形の加工コストを求める（1） ………………………………… 148
6-4	射出成形の加工コストを求める（2） ………………………………… 150
6-5	射出成形の加工コストを求める（3） ………………………………… 152
6-6	ゲートの種類と加工コスト …………………………………………… 154
6-7	モールド品の肉厚と加工コスト ……………………………………… 156

第7章　コスト見積りをコストダウンに活かす ……………………… 159

7-1	2つの原価管理 ………………………………………………………… 160
7-2	コストコントロール（原価統制）の進め方 ………………………… 162
7-3	差額要因とその対策（1） ……………………………………………… 164
7-4	差額要因とその対策（2） ……………………………………………… 166
7-5	設計段階でのコスト見積りの活かし方（1） ………………………… 168
7-6	設計段階でのコスト見積りの活かし方（2） ………………………… 170
7-7	設計段階でのコストダウンのポイント ……………………………… 172

参考文献 ……………………………………………………………………… 174
索引 …………………………………………………………………………… 175

第1章　設計者の役割は、コスト面でますます重要になっている

製品コストの大半は設計段階で決まる

製品コストを発生する購買・生産部門、製品コストを決める設計部門

　会社の第一の目的は利益の獲得にあります。もし、この利益を得ることができなければ、会社を継続することはできません。このため、会社では、売上高のアップ（第一の利益）と費用の削減（第二の利益）を進め、利益の獲得を図っているわけです。

　しかし、売上高アップと費用削減には関連性があります。売上高のアップだけを追求しても、自ずと増える費用があります。また、費用削減が売上高を減らしてしまうこともあります。

　このため、第三の利益獲得の方法として、製品の採算性を高めることがあるわけです。製品の採算性を高めることが利益につながるということは、売価＝原価＋利益の式が成り立つことを意味します。つまり、会社は原価を把握することが求められ、利益の拡大のためにコストダウンが進められているわけです（**図表 1-1-1**）。

　従来のコストダウンは、購買部門と製造部門を中心に進められてきました。とくに購買活動での商談は、価格交渉による購入単価の引下げであり、この引下げた金額がそのまま利益になるため、力が注がれてきました。

　しかし、購買や製造部門が、コストダウンのために材質や形状、公差などを変更しようとすると、設計の承認が必要になります。それは、製品の仕様を決めている設計部門が、コストの大半を決めているからです。

　このため、「設計段階で製品コストの 80 ％は決まる」といわれるのです。

　昨今の製品の寿命の短命化は、従来の製品を作ってからコストダウンをする方法では、コストダウンやそのための投資を回収することを難しくしました。このやり方では、利益を生み出しにくい状況になってしまったのです（**図表 1-1-2**）。

　この結果、製品開発段階において目標コスト（目標原価）が設定され、その実現が強く望まれるようになってきたのです。

　図表 1-1-3 に、製品コストと各業務の関係を示します。

●図表 1-1-1　利益獲得のしくみ●

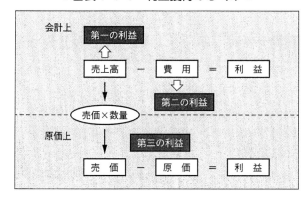

●図表 1-1-2　過去のコストダウンの進め方●

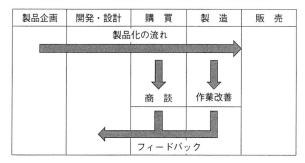

●図表 1-1-3　製品コストと各業務の関係●

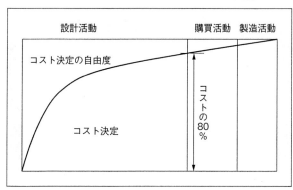

儲かる製品づくりにはコスト見積りが大切になる

材料費＋労務費＋経費ではなく、材料費＋加工費＋運賃で求める

　それでは、日常の業務の中では、コストはどのような場面で求められているのでしょうか。製造企業の製品化の流れとコストの関係を考えてみます（**図表1-2-1**）。

　受注生産型の企業では、引合いを得た後に見積り金額の提示を行い、受注⇒生産⇒納入という流れになります。

　また、自社製品を持つ見込み生産型の企業では、商品化計画の段階での製品売価をもとに、設計段階で目標コストを設定し、その実現に向けた設計活動⇒生産活動へと移っていきます。

　そして、それらの業務で使われているコストの算出方法は、材料費、加工費、運賃から成ります。販売部門での見積書でも、設計部門での目標原価でも、購買部門の商談でも同様です。つまり、原価計算ではなく、コスト見積りが用いられるのです。

　原価計算は、発生した費用を製品に割付けるにあたって、会計上のルールを順守します。これに対してコスト見積りは、法令とは関係なく、会社が儲かるようにするにはどうするかを考えます。つまり、利益の獲得のためにコスト見積りが用いられるのです（**図表1-2-2**）。

　次に、コスト見積りでの製品コストの求め方について、**図表1-2-3**にその計算式を詳しく示します。加工費は、破線内に示されているように、工場加工費と一般管理・販売費、利益から構成されます。

　工場加工費は、生産部門（工場）で発生する費用を指します。また、一般管理・販売費比率は、生産部門以外の販売、総務、経理などの費用の割合ことです。そして、会社の第一の目的である利益の割合です。

　さらに工場加工費は、**図表1-2-4**に示すように、加工時間（あるいは所要時間）と加工費率（あるいは単位時間当たりの加工費）から成ります。

　加工費率（あるいは単位時間当たりの加工費）は、一般管理・販売費比率と利益率を加味することによって、レートあるいはチャージなどと呼ばれています。

● 図表 1-2-1　生産形態と製品化の流れ ●

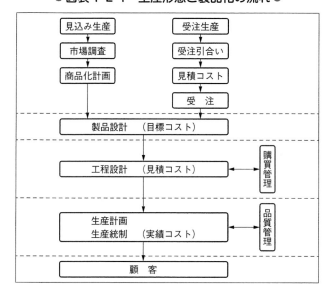

● 図表 1-2-2　原価計算とコスト見積りの計算式 ●

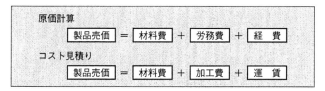

● 図表 1-2-3　製品コストの求め方 ●

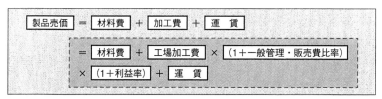

● 図表 1-2-4　加工費の求め方 ●

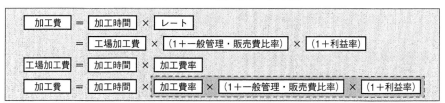

1-3 コストの意識の欠如：材料を安易に決定した事例
材料単価の情報をすぐに入手できるようになっているか

　1-1で述べたように、設計の現場はものづくりのプロセス全体の中で、初期の工程（開発段階）であるだけでなく、コストの面からもその重要性が認識されるようになってきました。

　従来、設計者の資質には、新製品を開発するための創造性が重要視されていたのですが、昨今では、目標コストの実現や開発期間の短縮、開発費の削減といった多くのテーマへの対応が要求されるようになっています。

　そして、顧客ニーズの多様化は差別化に留まることなく、きめ細かく顧客ニーズを製品に反映する個性化をも求めてきています。

　このため、業務遂行に役立つ技術計算ソフトや3次元CADといった支援ツールが設計業務に普及し、効率化も進んできています。

　このように変化している環境の中で、設計者はコストについてどのように意識しているでしょうか。具体的な事例で紹介していきます。

　事務機器メーカーでプリンタの架台を開発したときのことです（**図表1-3-1**）。その架台の目標コストは1,000円でしたが、製品企画書の記載には、屋内での使用や耐えるべき荷重、使用上の安全性などへの指定があり、「錆の防止」も含まれていました。

　これを見た設計者は、「錆の防止」のためにステンレスの角パイプを採用することとし、出図前にコスト計算を行いました。この結果、目標原価1,000円を大幅に超えることになってしまいました。そこで、目標原価1,000円をもとに、設計の見直しをすることになったのです。この設計者のミスは、材料の単価を全く意識しなかったことです。

　このケースでは、「錆の防止」をクリアするために、ステンレスの角パイプをスチールの角パイプにメッキ処理した材料に変更しました。この結果、角パイプの材料費は1,000円以下となりました（**図表1-3-2**）。

　このように、設計するにあたっては、各種材料の単価が容易に入手できることが必要です。

　図表1-3-3に、材料単価情報と特徴の例を示します。

● 図表 1-3-1　プリンタの架台（例）●

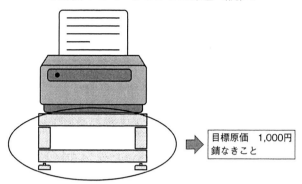

目標原価　1,000円
錆なきこと

● 図表 1-3-2　錆の防止方法と材料費 ●

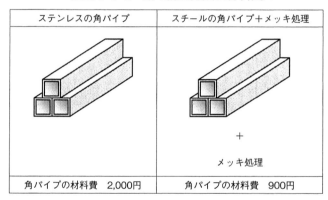

ステンレスの角パイプ	スチールの角パイプ＋メッキ処理
角パイプの材料費　2,000円	角パイプの材料費　900円

● 図表 1-3-3　材料単価情報と特徴（例）●

	名　称	常用記号	材料単価	備　考
棒材	快削鋼	SUM21		
		SUN23L		
	炭素鋼	S35C		
		S45C		
		S50C		
	普通鋼	SS400		焼入れ不可
	合金鋼	SUS303		被削性
		SUS304		耐食性
		SCM435		
		SNCM439		

1-4 コストの意識の欠如：机上の計算のみで検討した事例
アイデアには裏付けデータが必要である

　プリンタの架台についての設計の続きです。

　次に、角パイプの下に高さ調整のためにネジの機構を設けます。**図表 1-4-1** に示すような構造で、アジャスターという名称です。

　このとき、担当した設計者は、角パイプに4箇所の穴をあけて下側にナットを溶接するのではなく、バーリング加工によってネジ部の長さを設け、タップ加工でネジを切ることを考えていました（**図表 1-4-2**）。

　これは、非常に優れたアイデアのように見えます。なぜならば、部品を追加することなく、高さ調整の機能を作ることができ、大きなコストメリットが出るように見えるからです。

　しかし、そこに技術的な裏付けを確認していなかったのは大きな不備でした。角パイプの肉厚1mmに対して、「バーリング加工によって何mmくらいの長さにできるのか」ということです。そして、バーリング加工の高さに対して、「ネジ山はいくつになるのか」ということです。また、その上で、そのネジ山の数で「要求されている荷重に耐えられるのか」ということを検討しなければなりません。

　まず、バーリング加工による高さは、板厚の2倍程度が限界です。また、バーリング加工では、先端の方に行くにしたがって、細くなっていきます。

　次に、ネジ山の数ですが、今回図面にM6の指示がありますので、ネジピッチは1mmです。つまり、ネジ山は2つになるわけです。

　そして、1個のアジャスターで20kgに耐え得ることなどと、荷重が指定さます。この値がクリアできるかといったときに、この構造は無理であると判断されました。

　コストダウンのためにはよいアイデアのように見えるのですが、裏付けになるデータをしっかりと確認しておかないと、設計を見直すことになります。

　今回は、アジャスターの構造に関して、自動車に用いられているポップナットを採用しました。角パイプの内側にネジ部が隠れ、5mm程度確保できるようになり、品質の向上を図ることができました。

● 図表 1-4-1　アジャスターの構造 ●

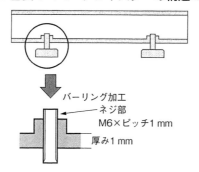

● 図表 1-4-2　ナット溶接とバーリングのネジ部構造 ●

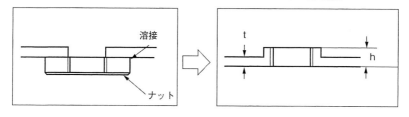

● 図表 1-4-3　アジャスターの構造見直し案 ●

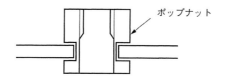

コストの意識の欠如：メーカーの言葉をうのみにした事例
設計業務には実験データが必須である

　業務用の食品機械メーカーで、新機種を開発したときのことです。その製品の外装に従来と類似する樹脂を採用しました。

　名称は、カバー（樹脂）です（**図表 1-5-1**）。このカバーは、従来の製品と形状が似ているのですが、周囲の温度が高い場所で使用するということで耐熱グレードを検討していました。

　設計者は、技術面とともにコストダウンのためにプラスチック材料メーカーと打ち合せを行い、提案された材料に決めました。しかし、その材料は社内で使った実績がありませんでした。同系列の耐熱グレードを使用したことはありましたが、材料が高価であったため、それ以降使っていませんでした。

　けれども今回、プラスチック材料メーカーから提案のあった材料の単価が安価であったことで、それを選択し、形状や寸法公差などの検討を進め、金型を製作しました。

　このとき、プラスチック材料が問題なく形状を作れるかを分析する流動解析を行おうとしたところ、技術ソフトの中にそのデータがありませんでした。しかし、従来使ってきた同じ系統の材料であり、問題ないと判断しました。

　ところが、実際に試作品を製作した段階で、成形品の経時変化（ソリ）が発生し、そのひずみを取るための処理を施さなくてはならなくなったのです（**図表 1-5-2**）。

　この結果、過去に採用した高価な材料を選んだほうが、価格面で安価になるということが起きてしまいました。

　設計業務を進めるにあたって、ただ安価な材料であるという理由でメーカーの言うことをうのみにし、実験や確認を怠ったために品質トラブルを招いてしまった事例です。こうしたことが、大きなコストアップの要因を生み出しているのです。

　これまで述べた問題は、コストを意識した設計への理解不足によって生じたものです。次章以降で、コストとものづくりの関係とコストダウンの着眼点について述べていきます（**図表 1-5-3**）。

●図表 1-5-1　カバーの形状●

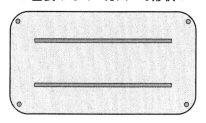

条件：耐熱温度を考慮する
　　　軽量であること

●図表 1-5-2　カバーの変形（ソリ）●

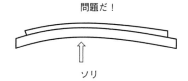

●図表 1-5-3　設計に必要なコストとものづくり知識●

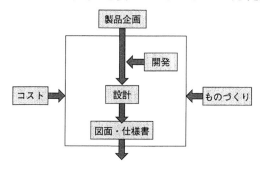

第2章　コスト見積りに関する基礎知識のまとめ

❷-① コスト見積りとは
生産活動とコスト見積りは表裏一体の関係

　コスト見積りには、どのような情報が必要になるのかを整理しておきます。
　まず、コスト見積りとは、製品を作る前にいくらくらいの金額になるのかを予測することです。
　これは、生産活動そのものが、どのように進められ製品になっていくのかを考え、それを金額に換算したものです。このため、以下のような情報を整理しておくことが必要です（**図表 2-1-1**）。
　①生産する製品は何か（品目情報）
　②どのような部品で構成されているのか（部品表情報）
　③どのような手順で作られていくのか（工順情報）
　④どれだけ生産するのか（生産数量情報）
　では、具体的な例を用いて考えてみます。小型モーターを開発しているとします。モーターにはいろいろなタイプがありますが、その中のインダクションモーターを例にとります。
　インダクションモーターには、性能や品質を示す仕様があります。これが、品目情報です。インダクションモーターは、出力シャフトやボールベアリング、ローターなどの部品からなります。これが、部品表情報です（**図表 2-1-2**）。
　また、部品表の中の出力シャフトは、丸棒材を旋盤で削って表面を硬くするために焼入れを行い、出力シャフトの外径を研磨することで完成します。このような、作る手順を表すのが工順設計情報です（**図表 2-1-3**）。
　生産数量情報は、1ロットあたりいくつ生産するのかということです。生産数量は、その品目を最適コストで作るために、どのような工順が良いのかを決めるものです。つまり、生産数量によって工順が異なることがあるということです。
　これらの情報をもとに、コスト見積りが進められることになります。
　コスト見積りでは、原材料から部品を作り、部品を組み立てることによって製品ができるという生産活動そのものを貨幣的な価値で表しており、ものづくりと表裏一体の関係です。

● 図表 2-1-1　コスト見積りに必要な情報 ●

No	情報	内容
1	品目情報	その品目についての仕様書や図面
2	部品表情報	その品目を構成する部品リスト
3	工程手順（工順）情報	各部品を製作するための工程とその順序
4	生産計画情報	生産ロット数量や取り数など

● 図表 2-1-2　インダクションモーターの部品表 ●

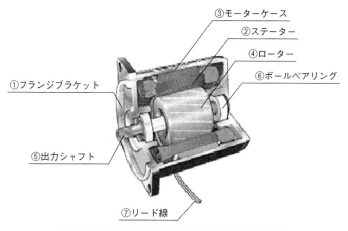

①フランジブラケット
②ステーター
③モーターケース
④ローター
⑤出力シャフト
⑥ボールベアリング
⑦リード線

No	部品番号	品名	構成数
①	A1001	フランジブラケット	1 pcs.
②	A1002	ステーター	1 pcs.
③	A1003	モーターケース	1 pcs.
④	A1004	ローター	1 pcs.
⑤	A1005	出力シャフト	1 pcs.
⑥	A1006	ボールベアリング	2 pcs.
⑦	A1007	リード線	1 pcs.

● 図表 2-1-3　出力シャフトの工程手順（工順）情報 ●

工程1	工程2	工程3	工程4
CNC旋盤	NCフライス盤	焼入れ	センタレス研削盤

❷-2 コスト見積りと原価計算の違い（1）
設備機械への投資費用に対する見方、考え方

　製品コストを把握する方法として、一般に原価計算が用いられるとされています。しかし、実際の工場では、原価計算ではなくコスト見積り方法を活用しています。その理由について考えてみます。

　その代表的な例の一つが、設備機械の減価償却費です。減価償却とは、「設備機械は一年間使ったら廃棄するというものではなく、何年も使い続けることを前提に導入する。そして、設備機械は使用すれば劣化する。その劣化した分について、費用として処理する」ことです。

　この処理によって導入した設備機械の費用は、回収することができるわけです。そして、この減価償却費が、製品コストに加えられることになります。

　具体的に述べますと、CNC旋盤やマシニングセンタなどの工作機械は、法律上10年という期間を使って投資した費用の回収を行うことになります。この期間のことを、法定耐用年数といいます。

　さらに減価償却費の算出方法には、定率法と定額法があります。

　定率法とは、設備機械の帳簿価額について、ある一定の比率を乗じた金額を費用としてコストに加えていく方法です（**図表2-2-1**）。減価償却費は初年度が最も多く、期間の経過とともに徐々に減少していくことになります。

　これに対して定額法は、法定耐用年数の期間のあいだ、毎年一定の額を減価償却費として処理していく方法です（**図表2-2-2**）。

　原価計算では、上記の法定耐用年数の期間について、定率法あるいは定額法を用いて投資した金額の回収を図ります。そして、多くの企業では、設備機械について一般的に定率法を採用しています。それは、より早い期間に多くの金額を回収できるからです。

　しかし、ここで注目してほしいことがあります。それは、定率法による減価償却費は、年数を経過するごとに減少していくことになるということです。つまり、減価償却費は年々減っていくので、自然にコストダウンができるという考え方ができるのです。

● 図表 2-2-1　定率法による減価償却費 ●

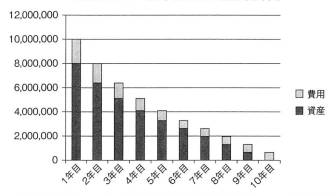

	1年目	2年目	3年目	4年目	5年目	6年目	7年目	8年目	9年目	10年目
資産	8,000,000	6,400,000	5,120,000	4,096,000	3,276,800	2,621,440	1,966,080	1,310,720	655,360	1
費用	2,000,000	1,600,000	1,280,000	1,024,000	819,200	655,360	655,360	655,360	655,360	655,359

減価償却費（費用）が、コストに反映される

● 図表 2-2-2　定額法による減価償却費 ●

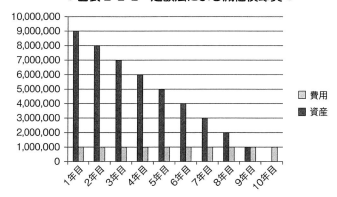

	1年目	2年目	3年目	4年目	5年目	6年目	7年目	8年目	9年目	10年目
資産	9,000,000	8,000,000	7,000,000	6,000,000	5,000,000	4,000,000	3,000,000	2,000,000	1,000,000	1
費用	1,000,000	1,000,000	1,000,000	1,000,000	1,000,000	1,000,000	1,000,000	1,000,000	1,000,000	999,999

減価償却費（費用）が、コストに反映される

2-3 コスト見積りと原価計算の違い（2）
経営の実態に合わせた減価償却処理

　前項で述べたように、法律に則った減価償却処理を進めていくと、特別にコストダウン活動を実行することなく、毎年コストダウンができることになってしまいます。しかし、実際の経営活動の中でこのようなことは起きていません。

　このため、コスト見積りでは、原価計算でいうところの定率法ではなく、定額法を用います。定額法を採用することによって、経営努力の成果としてコストダウン金額を明らかにすることができます（図表2-3-1）。

　そしてもう一つ問題になるのが、投資する設備機械の使用期間についてです。法定耐用年数は、導入した設備機械を法律で定めた期間使用することを前提にしています。

　しかし、企業では、従来生産していた製品から新製品へと生産品が変わっていく中で、投入した設備機械を使わなくなってしまうこともあります。その場合、設備機械に投資した費用の一部が回収できないことになります。

　また、技術革新によって生産性の高い設備機械が出現すると、従来の設備機械は生産の効率の低い設備機械となってしまいます。さらに、技術革新や経営環境などによって、設備機械の購入価格がより安価になることも考えられます。これらの場合も、費用の一部が回収できなくなることが考えられます。

　このように、経営の実態を考えるとき、法定耐用年数を用いるのではなく、法定耐用年数よりも短い期間で償却期間を設定することが必要になってきます。この期間については、何年にするという決まりがあるわけでなく、会社や経営者の方針によって決めます。これを経済耐用年数といいます（図表2-3-2）。

　整理しますと、コスト見積りでは、設備機械の減価償却の期間について、法定耐用年数を用いるのではなく、経済耐用年数を用います。この経済耐用年数を何年にするかについては、会社や経営者の方針によって決めることになるということです。

　そして、減価償却の方法は、定率法ではなく定額法を用いることになります。

第2章 コスト見積りに関する基礎知識のまとめ

● 図表 2-3-1　定率法から定額法へ ●
　　　　　　（減価償却の方法）

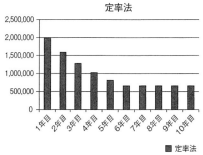

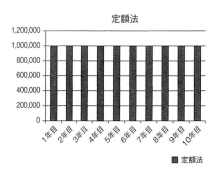

● 図表 2-3-2　法定耐用年数から経済 ●
　　　　　　耐用年数へ

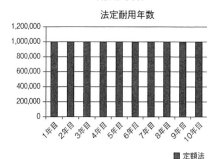

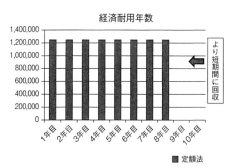

❷-4 同じ品目でも会社によって見積り金額は違う
見積り金額はその会社が欲しい金額を示す

　コスト見積りについて、間違いやすいことについて整理しておきます。それは、同じ加工品でも見積りをする会社によって金額は違ってくるということです（図表2-4-1）。

　例えば、購買担当者が加工品の見積り依頼を複数の外注先に依頼したとします。この後、外注先からは見積書が出され、購買担当者は見積り金額の査定を行うことになります。そして、ほとんどの場合、それらの見積書の中からもっとも金額の安い外注先に発注をすることになります。

　このとき、購買担当者は各社の見積り金額を比較するわけですが、同じ品目であるにもかかわらず、外注先から同じ金額が提示されることはまれです。また、見積り金額には、安価なところから高価なところまで、大きな金額の開きが発生することもあります。

　以前、約20社に同じ品目を見積ってもらったことがあります。そのときには、最も安い金額と最の高い金額の間で2倍以上の差額が発生しました。なぜそのような差額が発生するのかというと、見積書を提出した外注先の経営状況や会社の方針、見積方法の違い、会社の事情などが、見積りには含まれているからです。

　例えば、外注先ごとに社員の給与は違うでしょう。これは、加工費の中でもっとも大きな割合を占める費用が、各社ごとに異なっているということです。また、設備機械に関しても、メーカーが異なる、性能が異なる等によって設備機械の購入金額が異なり、減価償却費が異なってきます（図表2-4-2）。

　このような理由から、見積り金額は、会社によって異なることが当たり前なのです。そしてもう一つ、見積り方法の違いという理由がありますが、これについては、次項で述べることにします。

　上記のような見積りでの差額は、査定する購買担当者に、どの見積り金額が適当であるのかの判断を難しくしてしまいます。したがって、もっとも安い金額を提示した外注先に決まってしまうのです。

　購買担当者が見積り金額をしっかりと査定できるようになるためには、自社の基準（モノサシ）を持つことが大切です。次項からその必要性を述べます。

● 図表 2-4-1　外注先によって見積金額が違う ●

品目 シャフト

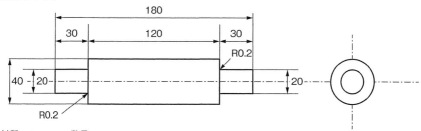

材質　S45C　　数量　100 pcs./lot

見積書の比較

会社名	見積金額	材料費	加工費
A社	775	295	480
B社	852	302	550
C社	910	330	580
D社	1,055	335	720

● 図表 2-4-2　差額の理由 ●

・作業者の賃金の違い
・作業者に要求される技能の違い
・作業者の経験の違い
・設備機械の仕様による違い
・設備機械の購入金額による違い
・設備機械の性能による違い
・作り方の違い
・作業方法の違い
・会社の方針による利益率の違い
・見積り計算方法の違い　　　など。

いろいろな見積り方法がある
コストダウンのためには理論的なコスト見積り方法が大切である

　それでは、一般的にコスト見積りがどのような方法で進められているのかについて整理します。

　コスト見積り方法は、図2-5-1のように4つに分けて考えることができます。まず、勘や経験による方法ですが、これは見積り担当者の経験が中心になりますから、経験のない加工方法については勘で金額を求めることになります。

　この方法では、加工についての経験を持った社員でないと見積りはできません。また、加工経験のない部分については勘になります。けれども、勘で判断をすると、実際のデータとの比較において大きな誤差を生じることがあります。つまり、当たりはずれが大きいということです。

　次に、過去の実績による方法は、社内での過去の実績データの中から類似する形状を探し出して、その金額から類推するやり方です。ところが、過去の実績データは、あくまで過去の数値です。生産数量や工程手順、設備機械などの違いを無視してしまうため、やはり信頼性に乏しく、大きな誤差を生むことがあります。

　見積り合せによる方法は、自分たちで見積りをすることができないため、他社に依頼をして算出してもらう方法です。この方法は、購買部門でよく見かける方法で、コスト見積りに関する知識を必要としません。しかし、同じ品目について複数の見積書がある場合、その見積り金額が適当であるのかを判断することはできません。

　そして、最後の理論的なコスト見積り方法は、モノづくりに関する知識をもとに、理論的・科学的にコストを積上げて算出する方法です。理論的なコスト見積り方法では、モノづくりに関する加工条件や作業条件などを設定し、それらの条件をもとにコストを算出していきます。

　また、コストダウン活動を進めるにあたっては、理論的なコスト見積り方法を用いることによって、最適コストのための材料や形状、寸法公差などを設定することができます。つまり、理論的なコスト見積り方法を用いるべきであるということです。

● 図表 2-5-1　4つの見積り方法 ●

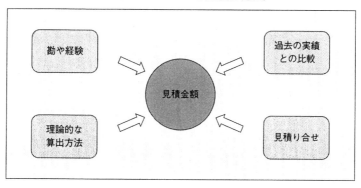

● 図表 2-5-2　モノづくりに関して必要な基準 ●

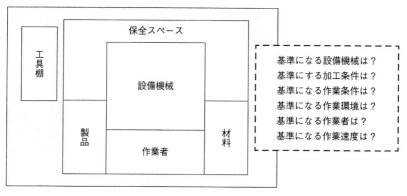

立場によってコストの見方は変わる

立場によって変わる見積り金額のバラツキ

　コスト見積りは、様々な場面で活用されます。そのことが、見積り金額のバラツキとなって現れます。これを部門の観点から解説します。

①営業部門（売る立場）

　販売部門の最も大切な仕事は、顧客から注文を獲得することです。このとき、顧客に見積書を提出することになります。この見積書には、製品のために発生する費用だけでなく、利益を含んでいなければなりません。つまり、「製品の採算性を確保すること」です。このためには、自社の実力値をもとにコストを見積ることが必要になります（図表2-6-1）。

②購買部門（買う立場）

　購買部門の仕事は、外部から必要な原材料や部品を、必要な時に、必要な数量だけ、適切な価格で調達することです。価格面では、「機会損失を未然に防ぐ」ことを基本に、最も安価に調達することが必要になります。そのためには、最適な条件でコストを見積ることが必要になります。ここでは、合理的なコストダウンが要求されます（図表2-6-2）。

③製造部門（作る立場）

　製造部門では、設計部門から発行された図面や仕様書をもとに、「製品の品質の確保をできる」製品を製作することが重要になってきます。このためには、品質を確保するための工程や作業に重点を置き、自社の実力をベースにコストの見積り（加工時間）をします（図表2-6-3）。

④設計部門（作る立場）

　設計部門の仕事は、顧客ニーズを具体的な製品にかたち作ること、その製品への「コストの作り込み」をすることです。顧客ニーズを製品にするために、機能に置き換え、機能から構成・構造、そして部品・仕様へと展開します。このとき、自社の現状を考慮するのではなく、最適な条件でのコスト見積りを行います。この情報によって、合理的なコストのトレードオフができます（図表2-6-4）。

　このように、立場によってコスト見積り金額にはバラツキが発生します。しかし、いずれの立場でも、見積りのための基準を整備しておくことが必要です。

●図表 2-6-1　営業部門（売る立場）●

●図表 2-6-2　購買部門（買う立場）●

●図表 2-6-3　製造部門（作る立場）●

●図表 2-6-4　設計部門（作る立場）●

2-7 コスト見積りの妥当性を求めるには
個人差の少ない見積りを行うためにはコスト基準（モノサシ）が必要

　コスト見積りの信頼性に疑問を抱かせるもう一つの要因があります。その代表的な項目を**図表 2-7-1** に示します。

　社内で見積りを行っているとき、見積り担当者による金額の違いが問題になることが多く発生します。その原因には、見積り担当者ごとに見積り品目を作る工程が違うこと、見積りで設定した設備機械が違っていること、見積りで設定した加工条件が違っていることなどがあります。

　なぜ、このようなことが起きてしまうのでしょうか。

　まず、加工に関する知識が不足していることがあげられます。また、加工についてはある程度知識を持っていても、見積りに対する経験不足ということが考えられます。

　図表 2-7-2 にバルブシートという部品の加工工程を示しています。この部品をステンレス鋼板から製作しようとした場合、いくつかの加工方法が考えられます。それらの加工方法の中で、品質が確保でき、なおかつもっとも安価な方法を選択することが必要になってきます。

　しかし、生産数量によって、安価な加工方法と見積り金額は変わってきます。経験が不足していると、いつもの加工方法を前提にコスト見積りを行い、もっと安価な加工方法が除かれてしまうというようなことが生じます。また、同一見積り担当者が同じ品目を見積っているのに、異なった金額になってしまうこともあります。

　これらの課題を解決するためには、まず「誰が見積っても、同じような金額になる」ためのコスト基準を設定することが必要です。

　前述のシートバルブの例では、生産数量が試作の 4 〜 10 枚であれば、レーザー加工機を用いることが最も安価です。一方、100 枚以上であれば、金型費が発生しますがプレス加工が最も安価です。

　見積りのためのコスト基準（モノサシ）をしっかりと持っていれば、この判断が容易になり、誰が見積っても同じ金額を算出することができます。

● 図表 2-7-1　見積り者の課題 ●

・見積り者による違い
・経験量の違い
・見積りタイミングによる違い
・置かれている環境の違い
・設定した工程の違い
・設定した機械の違い
・設定した作業者の違い

誰が見積もっても
同じコスト

● 図表 2-7-2　バルブシートの加工工程（例）●

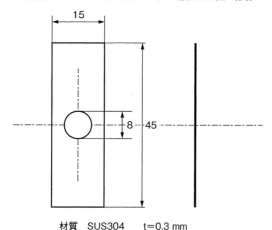

材質　SUS304　　t＝0.3mm

加工方法

	工程1	工程2	工程3
1	ハサミ	ドリル	
2	レーザー		
3	ワイヤーカット		
4	ウォータージェット		
5	プレス		

コスト標準を設定するための要素
理論的なコスト見積りのためのコスト標準（モノサシ）の構成要素

　これまで、コスト見積りを行うにあたって問題になる金額のバラツキの理由を述べてきました。そして、その解決策として、コストを見積るための基準を設けることを述べました。このコスト基準をもとに算出した結果が、コスト標準になります。
　このコスト標準をもとに、顧客への見積書の提出、外注先からの見積りの査定、製造現場における加工時間のチェック、設計段階などでの活用が期待できます。
　それでは、コストのための5つの標準と、コスト標準を構成するコスト基準要素について解説します（**図表2-8-1、図表2-8-2**）。

①材料費の標準
　材料費は、材料単価、材料使用量、材料余裕率、スクラップ処理費用などから成ります。

②工順設計の標準
　工順設計は、製作する品目の図面について、適切な材料を選択し、どのような工程を経由するのか、設備機械の大きさ、金型・治工具の有無などから成ります。つまり、用いる設備機械の種類と順序のことです。

③加工時間の標準
　加工時間は、その品目を一単位作るために必要になる時間のことです。この加工時間は、段取り時間と作業時間（標準時間）、生産性を示す諸係数の3つから成ります。

④時間当たり加工費（加工費率）の標準
　時間当たり加工費は、一般に加工費率と呼ばれ、単位時間（1時間あるいは1分）当たりの加工費のことです。加工費率の根幹は、人に関する費用と機械に関する費用から成ります。

⑤管理諸比率の標準
　管理諸比率は、材料管理費率、職場共通費率、製造経費比率、一般管理・販売費比率、利益率から成ります。
　これらの構成要素については、次章で詳しく解説をしていきます。

● 図表 2-8-1　コストのための 5 つの標準 ●

① 材料の標準設定
② 工順設計の標準設定
③ 加工時間の標準設定
④ 単位時間当たりの加工費の標準設定
　（加工費率）
⑤ 管理諸比率の標準設定

コスト標準

● 図表 2-8-2　コスト標準を構成するコスト構成要素 ●

		構成要素の詳細
①	材料費の標準設定	材料単価、材料使用量、材料余裕率、スクラップ処理費など
②	工順設計の標準設定	製作する品目の図面をもとに、用いる設備機械の種類と順序を定めたもの
③	加工時間の標準設定	段取り時間、作業時間（標準時間）、生産性を示す指数から構成される
④	加工費率の標準設定	生産部門で発生する費用の中で根幹となる人に関する費用と機械に関する費用から成る
⑤	管理諸費率の標準設定	材料費で考慮される材料管理費率、加工費率で考慮される職場共通費率、製造経費比率、レートで考慮する一般管理・販売費比率、利益率から成る

第３章　コスト見積りに必要な要因と算出の仕方

❸-1 材料費の求め方（1）
主要材料がコスト見積りの対象になる

　材料費は、**図表 3-1-1** に示すような品目に分類することができます。以下に、その詳細を紹介します。コスト見積りでの材料費は、直接製品に使用されている主要材料（これを直接材料という）が対象になります。

①**主要材料**
　その品目を製作するために直接消費され、製品の主要部分を構成する品目のことで、直接材料費とも呼ばれます。材料費の中で、最も重要な構成要素であり、製品コストに占める割合が大きくなります。この主要材料が、コスト見積りの対象になります。

②**購入部品**
　外部から調達して、その品目を加工することなく、製品にそのまま取り付けられる品物のことです。直接材料として、製品に加えます。

③**補助材料**
　その品目を加工するために補助的に消費される品目のことで、少額の費用であり、詳しく求めても製品コストへの影響が非常に小さいものです。補助材料は間接材料ともいい、加工費に含まれます。

④**消耗工具**
　その品目を加工するために、補助的な生産手段として必要な工具、器具などのことです。間接材料の対象になり、加工費に含まれます。

⑤**工場消耗品**
　その品目を加工する作業および設備機械、在庫の保全、作業環境整備のために消費される品物のこと。間接材料の対象になり、加工費に含まれます。

　原価計算では、間接材料を製造間接費として扱いますが、コスト見積りでは、加工費に含まれます。それは、「どの製品に、何のために、誰が使ったのか。」をもとに考えるからです。

　コスト見積りでの材料費は、**図表 3-1-2** に示すように材料単価、材料使用量、材料管理費から構成されます。ここでは、設計及び生産との関連性を示しておきます。

● 図表 3-1-1　材料の分類 ●

材料の分類	材料の例
主要材料	鋼板、棒材、パイプ材、樹脂材料など
購入部品	モーター、ねじ、配管、リード線など
補助材料	接着剤、メッキ、塗料など
消耗工具	スパナ、ペンチ、カッターなど
工場消耗品	切削油、グリス、軍手など

● 図表 3-1-2　材料費を構成する要因 ●

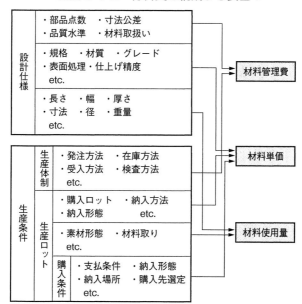

3-2 材料費の求め方 (2)
素材形態と材料単価、材料使用量を知ることがポイント

　それでは、材料費の求め方を説明します。材料費は、**図表 3-2-1** の計算式で求めることになります。本項と次項で、材料費を求めるのに必要な項目を説明します。

①材料単価

　材料単価は材料を購入するときの価格で、一般に kg や m^2 などの原単位当たりの単価で表示されます。そして材料単価は、同じ材料でも購入の時期や地域によって、異なることがあります。それは、材料の価格が経済動向によって変動することや、地域によって輸送コストに差が生じるからです。

　また、材料メーカー間の価格競争の激しさ、需要の動向による価格変動、ネゴシエーションの仕方、為替の変動などによっても変わってきます。このため、その材料を自社が購入するといくらになるのかが基本です。

　この価格設定の方法については、時価法と予定価格法があります（**図表 3-2-2**）。

②材料使用量

　コスト見積りでは、製品や部品を作る上で、最も経済的に製作できる材料の使用量は、いくらあれば可能かに基づいて算出します。材料使用量は、図面仕様通りに完成された時点の材料重量の部分と、その品目が出来上がるまでに経た工程や加工上で付加しなければならない付加量の部分とを加えた合計のことです。

　さらに、製作するうえで発生する歩留まりロス（材料余裕量）があります。これらを合計した量が、材料使用量になります。たとえば、ステンレス鋼板で厚さ 1 mm のサイズ（定尺材）には、1 m×2 m があります。このステンレス鋼板から、正味材料使用量として 300 mm×300 mm の大きさの部品（正味量）を切り取ると、品目の外周に切り取るための必要な部分が発生します。これが、正味付加量です（**図表 3-2-3**）。

　定尺材から正味材料使用量を取り除くと、使えずに捨てることになる材料が発生し、ロスが出ます。これを称して材料余裕量といいます。また、これを比率で表現する場合、材料余裕率といいます（**図表 3-2-4**）。

●図表 3-2-1 材料費の求め方 ●

材料費 ＝ 材料単価 × 材料使用量 ×

　　　　（1＋材料管理費比率＋材料管理費比率×利益率）

　　　± スクラップ費

●図表 3-2-2 材料単価の設定 ●

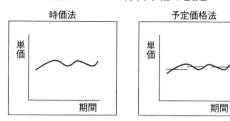

価格設定の方法	設定の内容
時価法	市場で、その材料をその時々にいくらで売買されているのかという実勢価格を把握して、都度、材料の単価を定めていく方法
予定価格法	時価を材料単価とすべきだが、変動が少なく安定している場合には、ある一定期間の単価を取り決めて、これを予定価格として定める方法

●図表 3-2-3 材料使用量の内訳 ●

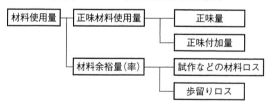

●図表 3-2-4 材料使用量の例 ●

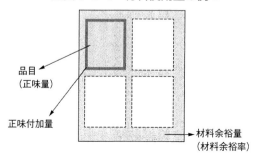

❸-3 材料費の求め方（3）

「どの製品に、何のために、誰が使ったのか。」を考える材料管理費

材料費を求めるのに必要な項目の続きです。

③材料管理費

材料管理費は、原材料や部品などを外部から調達する資材・購買部門の人の費用や倉庫で保管するための費用、運搬機器などの費用、及び材料などを維持管理するための費用のことです。コスト見積りでは、「その製品を作るにあたって、何のために、誰がどれだけ使ったか」を基本に考えます。このため、材料や部品の調達・保管のために発生する費用は、材料に加えるべきであると考えます。

この材料管理費は、図表 3-3-1 に示す費用から成ります。そして、材料費に上乗せするために一定の比率で加えます。つまり、図表 3-3-2 のように材料購入金額に対する割合で表します。これが材料管理費比率です。

そしてもう一つ、会社は利益の獲得を第一の目的として経営活動を行っていることから、材料の調達・保管などの業務の遂行に対しても利益を付加することになります。これが、材料管理費比率×利益率の意味です。

ただ、実務を考えますと、材料管理費比率が3％前後と小さいために、この比率に利益率を乗じても、材料管理費比率×利益率は非常に小さな数値になります。このため、材料管理費比率の中に含めて計算していることが一般的です。

④スクラップ費

図表 3-3-3 に、スクラップ費の求め方を示します。コスト見積りでは、スクラップ費について、廃棄するために費用の発生する場合や銅や真鍮の切削屑のように売ることができる場合を考えて、その金額を材料費に還元します。ただ、生産数量が少ない場合、スクラップの費用を考慮することはないでしょう。なぜならば、材料に占めるスクラップの費用が少ないからです。

これに対して生産数量の多い場合には、スクラップ発生量が多くなるため、しっかりと計算に含んでいくことになります。

● 図表 3-3-1　材料管理費の内訳 ●

人の費用	直接関係する	資材購買部門、受入、倉庫部門、運搬部門などの人件費
	間接的に関係する	図面発行や技術資料、打合せなどを担当する生産技術部門、生産管理部門、品質管理部門などの人件費の一部
設備の費用		倉庫、クレーンやフォークリフトなどの運搬具、試験機など
在庫維持費		陳腐化、損耗劣化費、棚卸し費用、火災保険料など
金利		借入金による金利

● 図表 3-3-2　材料管理費比率の求め方 ●

$$材料管理費比率 = \frac{年間の材料管理費}{年間の直接材料購入金額} \times 100$$

● 図表 3-3-3　スクラップ費の求め方 ●

スクラップ売却費 ＝ スクラップ単価 × スクラップ量 × 回収率
スクラップ廃却費 ＝ スクラップ処理単価 × スクラップ処理量 × 回収率

❸-4 加工費の求め方
加工費はレートと加工時間から成る

　加工費は、レートと加工時間（あるいは所要時間）から成ります（**図表 3-4-1**）。このレートは、生産部門で発生する単位時間当たりの加工費（以降、加工費率といいます）に、一般管理・販売費比率と利益率を上乗せした数値に表現を置き換えることができます。

　また、レートは、加工費レートと呼んだり、チャージ、あるいは単金や賃率と呼んだりしている会社もあります。

　購買担当者と外注先とのやり取りで、「御社のレートはいくら？」という場合のレートが、このレートのことを指しています。

　レートの内訳は、以下のようになります。

①購買部門と資材部門の一部を除いた生産部門で発生する費用を、単位時間当たりに置き換えた費用（加工費率）

②生産部門以外の販売、総務、経理などの部門で発生する費用。この費用を加工費率に加えるために、一般管理・販売費比率で表します。**図表 3-4-2** に計算式を示します

③利益率。**図表 3-4-3** に計算式を示します

　レートは、1時間当たりの加工費（時間／円）や1分当たりの加工費（分／円）で表されますが、そのベースは加工費率です。したがって、加工費率を理解しておくことが重要です。

　そして、加工時間（あるいは所要時間といいます）は、ある品目を1個作るために必要とする時間のことです。加工時間は、会社によって工数と呼んだり、人工と呼んだりしていますが、ここでは、設備機械を使うことから、加工時間に統一して述べていきます。

　また、加工時間は、標準時間と同義語だと捉える方がいますが、これは間違っています。加工時間は、標準時間に生産性の指数など割増しの時間を加味したものです。この点は、注意しておいてください。

　最後に、工場加工費と設計及び生産との関連性を示します（**図表 3-4-4**）。

● 図表 3-4-1　加工費の求め方 ●

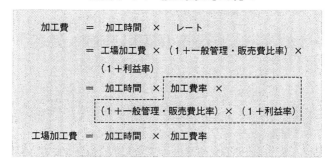

● 図表 3-4-2　一般管理・販売費比率の求め方 ●

一般管理・販売費比率＝
年間の一般管理・販売費総額
（設備費総額＋労務費総額＋職場共通費総額＋製造経費総額）

● 図表 3-4-3　利益率の求め方 ●

$$利益率 = \frac{利益額}{材料費を除く総費用} \times 100$$

● 図表 3-4-4　工場加工費を構成する要因 ●

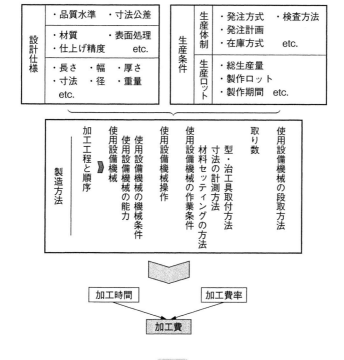

③-5 加工費率の求め方（1）
加工費率の構成要素は設備機械、作業者、共通費、製造経費から成る

　前項で述べたレートを設定するにあたって、まずは、その対象を決めなくてはなりません。これは、コストをとらえる単位を決めることで、その単位をコストセンターといいます（図表3-5-1）。

　コストセンターは、一般に設備機械をもとに設定します。しかし、設備機械は性能や仕様などによって、購入金額が変わってきます。このため、基準になる設備機械を決め、その設備機械ごとに減価償却費を設定します。

　ときどき見かけることですが、小さい部品を加工する設備機械と大きな部品を加工する設備機械について、同じレートで扱っているケースがあります。例えば、1,000万円と3,000万円のマシニングセンタを保有しているとします。これら2台の機械の減価償却費は、高い機械は高いなりに、安い機械は安いなりの設定金額になるはずです。

　ここで、もし平均の2,000万円の設備機械の減価償却費として設定してしまうと、1,000万円のマシニングセンタの仕事量が多ければ儲かりますが、3,000万円のマシニングセンタの仕事量が多いと赤字になる可能性が高くなります。

　このように、減価償却費に違いがあるのに一律のレートにしてしまうと、製品ごとの採算性を歪めてしまい、会社の収益性を判断することができなくなってしまいます。

　ワークセンターの設定では、まず設備機械ごとに分けて、次に設備機械の能力ごとに基準を設けて、レートを設定することが大切です。そして、そのためには、レートのベースになる加工費率について、しっかりと裏付けを持ったデータを積み重ねておくことです。

　図表3-5-2に、加工費率を求めるための構成要素を示します。

　加工費率の内訳は、設備機械と作業者に関する費用、職場で共通に発生する費用、製造部門を支援する製造間接部門の費用の4つに分けて考えることができます。

● 図表 3-5-1　コストセンターの設定 ●

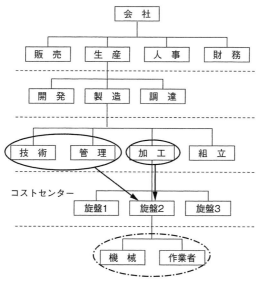

● 図表 3-5-2　加工費率の構成要素 ●

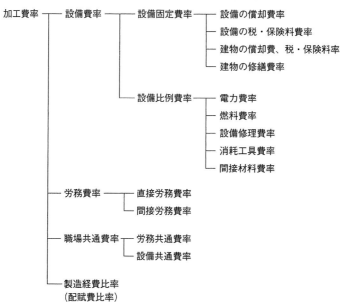

③-6 加工費率の求め方（2）
設備機械に関する費用の考え方、求め方

　設備費率は、設備機械に関する費用を単位時間当たりの金額に換算したものです。また、設備費率は、設備固定費率と設備比例費率から成ります。

　設備固定費率は、設備機械や建物などに投資した費用で、ある期間をかけて回収することになります。これに対して設備比例費率は、設備機械を稼働させればその分だけ増加する費用のことです。

　以下に、加工費率を構成する要因とその内容を述べます。

①設備固定費率

　設備固定費率は、製品を生産するための設備機械と工場の建物などのスペースの費用を指します。一度投入したら、使用するしないにかかわらず長期にわたって発生する費用になります。

　設備機械の減価償却費は、法定耐用年数ではなく経済耐用年数を用います。また、減価償却の処理方法は、定率法ではなく定額法で求めます。

　これに対して、工場の建物の費用は現行の法定耐用年数を適用し、定額法を用います。建物の場合には、設備機械のような投資の回収や技術革新などを考慮に入れる必要がないからです。

②設備比例費率

　設備比例費率は、製品を生産するために使用する設備機械の操業度に比例して発生する費用のことで、設備機械の動力費が中心になります。設備機械を動かすための動力である電気や燃料、用水費、そして設備機械の維持・修理などの費用から成ります。

　ここで注意すべきことは、設備機械の動力のもとになるモーターの定格出力に対して、実際の消費量が少ないことです。それは、モーターに負荷がかかっているときには電気を多く使いますが、無負荷では電気をほとんど消費しません。

　このような状況から、平均して消費されている割合を示したものを電力需要率といいます。このため、実際の電力消費量は、モーターの定格出力に需要率を乗じた値で設定します。

● 図表 3-6-1　設備の減価償却費率 ●

マシニングセンタ	2,400万円
償却年数	8年
設備機械の年間総稼働時間	1,800時間
設備稼働率	95%

設備の減価償却費率＝

$$\frac{設備機械の現在購入金額÷償却年数}{年間総稼働時間×設備稼働率}$$

$$\frac{24,000,000÷8年}{1,800時間×95\%} ≒ 1,754円/時間$$

● 図表 3-6-2　電力費率の求め方 ●

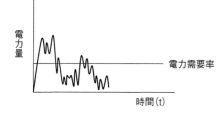

電力費率＝
電力単価×理論消費電力量×電力需要率

電力単価	23円/Kwh
理論消費電力量	5.5 Kw
電力需要率	40%

23円/Kwh×5.5 Kw×40％＝50.6円・時間

● 図表 3-6-3　消耗工具費率の求め方 ●

マシニングセンタA

コストセンターの年間消耗工具費	15万円
設備機械の年間総稼働時間	1,800時間
設備稼働率	95%

消耗工具費率＝

$$\frac{コストセンターの年間の消耗工具費}{年間総稼働時間×設備稼働率}$$

$$\frac{150,000}{1,800時間×95\%} ≒ 88円/時間$$

③-7 加工費率の求め方（3）
作業者に関する費用の考え方、求め方

　加工費率を構成する要因の続きになります。
③労務費率
　社員の給与や賞与などは、一般に人件費と呼ばれています。しかし、工場に在籍する社員に関しては、労務費と呼びます。その労務費についても、設備費率と同様に単位時間当たりの費用に換算した金額が、労務費率です（**図表 3-7-1**）。
　これは、言い換えると製造現場で設定したコストセンターに携わる作業者の費用のことです。作業者はさらに、直接製品を作る作業に携わる作業者の労務費（これを直接労務費といいます）と、その作業者を支援する班長、職長、段取り工などの間接作業者の労務費（これを間接労務費といいます）から成ります。
　そして、間接作業者は、何人かの直接作業者を支援しています。このため、間接作業者の労務費を直接作業者の労務費に加味します。この割合を直間比率といいます（**図表 3-7-2**）。
　さらにもう一つ、労務費には、作業者の給料や賞与のほかに、会社が負担している法定福利費や一般福利厚生費、退職給付引当金などの費用が含まれています（**図表 3-7-3**）。

④職場共通費率
　職場共通費は、製造現場で共通で使用される設備機械・施設などに発生する費用のことです。具体的には、コンプレッサーや変電設備、食堂、会議室などの費用のことです。
　職場共通費率は、単位時間当たりの費用に置き換えた金額のことです。

⑤製造経費比率（配賦費比率）
　製造経費比率は配布費比率とも呼ばれ、製造現場の生産性を向上するためのサービス、支援を行う生産技術、生産管理、品質管理部門で発生する社員の費用や設備機械の費用から成ります。

　以上の費率や比率が、加工費を構成する要因になります。

● 図表 3-7-1　労務費率の求め方 ●

マシニングセンタA

直接作業者の年間総労務費	350万円
設備機械の年間総稼働時間	1,800時間
直間比率	12%

労務費率 ＝ $\dfrac{\text{直接作業者の年間総労務費} \times (1 + \text{直間比率})}{\text{年間総稼働時間}}$

$$\dfrac{3,500,000 \times (1+12\%)}{1,800\text{時間}} \fallingdotseq 2,178\text{円／時間}$$

● 図表 3-7-2　直間比率 ●

直間費比率 ＝ $\dfrac{\text{間接作業者の総労務費}}{\text{直接作業者の総労務費}} \times 100$

● 図表 3-7-3　年間総労務費の内訳（例）●

マシニングセンタA

直接作業者の年間総労務費	350万円
設備機械の年間総稼働時間	1,800時間
直間比率	12%

本人へ支払	基本給
	諸手当
	賞与
会社負担分	法定福利費
	一般福利厚生費
	退職給付引当金

③-8 加工時間（所要時間）の求め方（1）
最も考えなければならない日常のコストダウン活動は加工時間の短縮

　コスト見積りでは、加工時間を所要時間ともいいます。同じような用語として、作業時間、工数、人工などがあります。

　それでは、ここでコスト見積りについて、その手順を**図表 3-8-1** に示し、コストダウンとの関係について、一度整理しておきます。

　コスト見積りは、まず図面・仕様書と生産条件（生産ロット数量、取り数など）をもとに加工方法を検討します。加工方法を決めたら、必要な設備機械の能力を選定し、図面から詳細の加工工程を抽出します。そして、工程ごとに作業の手順と詳細の加工工程の情報をもとに標準時間を求めます。

　さらに、標準時間に生産の効率を加味して、加工時間を求めます。この加工時間にレートを乗じて、加工費を算出します。そして、材料費や運賃を加えて金額を求めるわけです。

　このような流れでコスト見積りは行われます。この流れと日常のコストダウン活動について考えてみます。

　材料費は、設計段階で図面や仕様が決まると、材料の設計変更がない限りコストダウンは難しいものです。また、加工方法や設備機械も、一度決まると設計変更が発生しない限り、変わりません。つまり、レートも決まるということです。

　そして、日常の生産活動とは、加工時間を管理することだといえます。図面や仕様書の品目を、計画した時間通りに製作することが求められているからです。

　日常のコストダウン活動は、この加工時間を「いかに短縮するか」に主眼が置かれることになるわけです。そして、この加工時間のベースになるのが、標準時間です。

　しかし、標準時間を作っておらず、過去の実績時間のデータを用いて加工をしていることがあります。これは、条件が明らかになっていないため、その数値を活用するうえで信頼性に欠けます。

　そのため、作業条件や作業環境などの条件などを定めたうえで設定する標準時間が、コストダウンには大切です。

●図表 3-8-1　加工品のコスト見積りフロー●

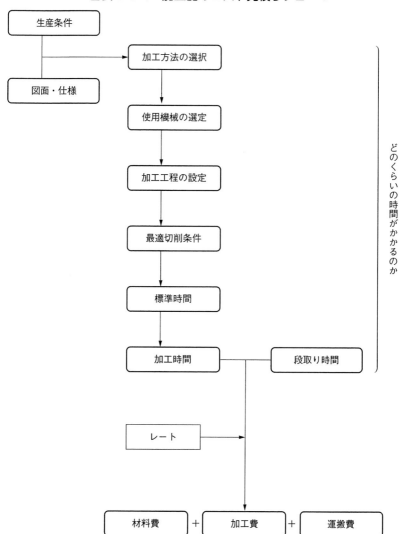

3-9 加工時間（所要時間）の求め方（2）
標準時間だけで製品は作れない、生産性の指数が必要

それでは、加工時間を構成する要素と求め方について説明します（**図表 3-9-1**）。

①標準時間
標準時間は、その品目を作るうえで、作業の標準となる条件が満たされたときに、製作に「期待される時間」のことです。この標準時間は、理論的には作業時間と段取り時間から成ります。

そして、標準の作業時間は、実際に製品や部品を加工や変形、組立などをするための正味作業時間と、避けられない遅れが生じる時間のためのユトリ時間としての一般余裕時間から構成されています。

一般余裕時間は、一般に就業時間に対する割合比率で表します。これを一般余裕率と呼びます。

1）正味作業時間

　正味作業時間には、作業が規則的、周期的に繰り返される作業（作業動作）と不規則に発生する作業があります。前者は、手扱い時間と機械時間であり、後者には材料の運搬や品目の検査など、何個かに1回発生する付帯作業時間があります。

2）一般余裕率

　一般余裕率とは、職場での朝礼や作業のための打合せ、トイレ、疲労のためのちょっとした休憩などユトリ時間のことです。

②労働効率
労働効率は、工場全体の総合的な生産性を表す指標の1つで、作業能率と有効実働率から成ります。

③割増係数
流れ作業や設備機械の掛け持ちなど特定の作業編成をしたときに、作業条件や管理技術上の問題で、標準時間に対して避けられない遅れの時間であり、付加すべき時間のことです。

加工時間の構成要素を確認できたところで、加工時間を求める計算式を示します（図表 3-9-2）。

●図表 3-9-1　加工時間の構成要素●

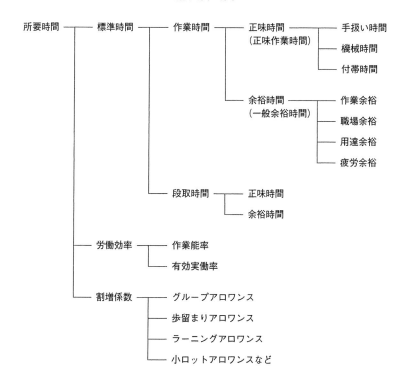

●図表 3-9-2　加工時間（所要時間）の求め方●

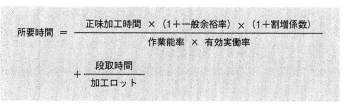

$$所要時間 = \frac{正味加工時間 \times (1+一般余裕率) \times (1+割増係数)}{作業能率 \times 有効実働率} + \frac{段取時間}{加工ロット}$$

3-10 加工時間（所要時間）の求め方（3）
加工時間（所要時間）の基本は標準時間にある

　実績時間を用いるコスト見積りの問題点について、**図表 3-10-1** に示します。
　ここでは、加工時間の中核をなす標準時間について、その考え方を整理します。まず、標準時間は、**図表 3-10-2** に示すように定義することができます。各定義を以下で説明します。

①決められた作業方法および設備機械を用いて
　対象とする品目に要求される品質や形状から見て、最も経済的な所要時間を満足できる作業方法や設備機械を設定するということです。
　その設備機械とは、その業界ですでに多くの導入実績があって、高い生産性を有していると考えられている設備機械の仕様を指します。

②決められた作業条件及び作業環境のもとで
　作業条件や作業環境は、直接に標準時間に影響を与える要因です。
　例えば、使用する設備機械の加工条件などの最も経済的な状態、作業者の設備機械や治工具の取り扱い方、作業の動作順序などの設定のことです。

③その仕事を十分に遂行できる熟練度を持った作業者が
　職務評価基準に基づいて、決められた作業方法を遂行できる一人前の作業者ということです。

④期待される作業の速さで
　設備機械や作業方法、作業条件、作業者が決まっても、作業に要する時間は一定になりません。そのため、その作業に求められる速さのことです。

⑤ある一定の質および量を遂行するために要する時間のこと
　その品目を一単位（1個、1 kg、1 m² など）製作するために必要とされる時間のことです。
　標準時間について、補足をしておきます。
　標準時間は、理論的に作業時間と段取り時間から成りますが、実務面から見ると、段取り時間の標準値を作成することは難しいでしょう。
　なぜならば、前の作業の内容によって、もしくは次の作業の内容によって、準備や後始末する作業が変化するからです。したがって、段取り時間は、目安を設けると考えるべきです（**図表 3-10-3**）。

● 図表 3-10-1　実績時間の問題点 ●

1) 段取り時間と作業時間に分けて把握されていない
2) 作業環境や切削条件などの前提条件が不明である
3) 手待ちや材料待ち、間接作業など加工時間以外の時間も含まれている
4) 設備機械と作業者の組合せが不明である　　など

● 図表 3-10-2　標準時間の定義 ●

①決められた作業方法および設備機械を用いて
②決められた作業条件及び作業環境のもとで
③その仕事を十分に遂行できる熟練度を持った作業者が
④期待される作業の速さで
⑤ある一定の質および量を遂行するために要する時間のこと

● 図表 3-10-3　段取り時間の考え方 ●

| 内段取り時間 | 設備機械を止めないとできない段取り作業 |
| 外段取り時間 | 設備機械を止めなくてもできる段取り作業 |

⇨ 加工時間では、内段取り時間を対象にします

段取り作業は、生産ロットごとに1回発生する治工具や金型の交換、設備機械の調整など準備と後始末の作業

第4章 図面から読み取る加工費の求め方【切削・研削】

4-1 旋削加工と加工コスト

4-1-1 旋削加工の種類と概要
旋盤加工の基本的なことを整理する

　さて、前章までは、コスト見積りに必要な知識を述べてきました。製品や部品のコストは、(材料費＋加工費＋運賃)が基本であること、材料費は、材料単価と材料使用量をベースに材料管理費とスクラップ費を加味します。

　また、加工費は、レートに加工時間を乗じて求めます。レートは、会社で発生している費用を単位時間当たりの費用に換算した金額のことです。加工時間は、標準時間をもとに生産性を加味した時間になることを述べました。

　そして、標準時間は、作業時間と段取り時間から成り、標準の作業時間は、手扱い時間と機械時間、付帯時間があることを述べました。

　日常のコストダウン活動との関係においては、加工時間が重要であることも述べてきました。

　それでは、加工方法別に、この加工時間の中核にある機械時間の求め方、加工形状でのコストダウンのためのポイントについて、本章から順次述べていきます。

　最初に取り上げるのは、旋盤加工です。旋盤加工は切削加工の一つで、工作物(ワーク)を回転させ、工具(刃物)を当てて削っていく加工方法です。

　旋盤加工には多くの種類の機械がありますが、コスト見積りを進めるにあたって、それらをもっと詳しく知ることが必要になってきます。そこで、まず旋盤加工についての基礎的な知識を整理しておきます。

　旋盤加工の機械には、汎用旋盤をはじめ、立型旋盤、CNC旋盤などいろいろなタイプがありますが、このことから知らなければなりません。なぜなら、それらの旋盤のタイプの違いは、機能の部分での違いがあり、利点や欠点を持っているからです(図表4-1-1-1)。

　この機能の違いを最も簡単に知ることのできる方法は、工作物の大きさと各種類の詳細工程を知ることです。

　旋盤加工のできる機械が持っている詳細工程を、**図表4-1-1-2**に示します。

　旋盤加工は、丸物加工といわれるように円筒形状が中心で、その外周側を加工する外形加工、内面側を加工する内形加工、その他の複合加工があります(**図表4-1-1-3**)。

　旋盤加工について、これらの基本的なことを整理しておくことです。

● 図表 4-1-1-1　様々な旋盤 ●

横型旋盤（スラントベッド）

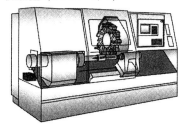

横形旋盤（水平ベット）

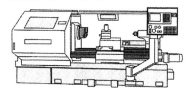

縦形旋盤

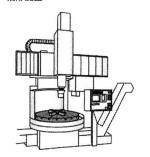

複合旋盤

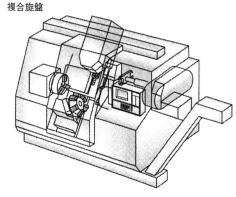

● 図表 4-1-1-2　詳細工程の例 ●

外形加工	内形加工	複合加工
外径加工	センター穴加工	もみつけ穴加工
外径テーパ加工	穴加工	クロス穴加工
端面加工	リーマ加工	クロスリーマ加工
突っ切り加工	内径加工	Dカット加工
外径面取り加工	内径テーパ加工	（平当たり加工）
外径溝加工	内径面取り加工	クロス溝加工
外径端面溝加工	内径溝加工	キー溝加工
外径ネジ切り加工	内径端面溝加工	
	内径ネジ切り加工	
	タップ加工	

● 図表 4-1-1-3　加工事例 ●

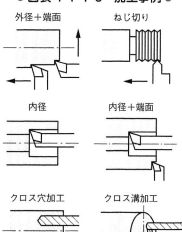

外径＋端面

ねじ切り

内径

内径＋端面

クロス穴加工

クロス溝加工

4-1-2 旋盤の詳細工程と加工コストの求め方(1)
シャフトの加工条件を準備する

　ここでは、旋盤加工での機械時間の算出の仕方について述べていきます。まずは、旋盤加工の基礎ともいうべき外径加工と端面加工、溝加工について、事例をもとに求めていきます。
　それでは、旋盤加工における機械時間について、**図表4-1-2-1**のシャフトをもとに実際に求めてみましょう。
　このシャフトの材質はS45Cになっており、表面粗さがRa3.2に指定されています。また、シャフトの最大直径の寸法が50 mmになっています。
　今回、材料は直径50 mmのミガキ材を用い、長い棒材からシャフトを1本分ずつの必要長さ分だけ切断した素材を使って、加工することにします（**図表4-1-2-2**）。このため、直径50 mmの部分は加工しないものとします。
　したがって、加工は7箇所になります（**図表4-1-2-3**）。
　まず、これらの加工箇所について、その機械時間を求めてみます。このためには、加工条件を準備する必要があります。詳細工程ごとの加工条件を**図表4-1-2-4**、**図表4-1-2-5**、**図表4-1-2-6**に示します。

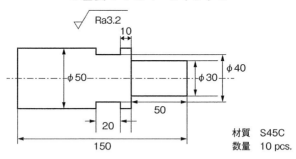

●図表4-1-2-1　シャフト●

● 図表 4-1-2-2　棒材からの加工箇所 ●

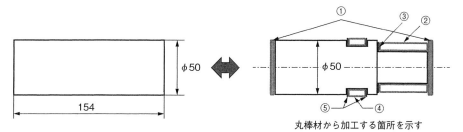

丸棒材から加工する箇所を示す

● 図表 4-1-2-3　加工箇所 ●

	詳細工程	箇所数	加工寸法
①	端面加工	2箇所	φ50 mm から 0 mm、とりしろ 2 mm
②	外径加工	1箇所	φ50 mm を φ30 mm に、長さ 50 mm
③	外径端面加工	1箇所	φ50 mm から φ30 mm
④	外径溝加工	1箇所	φ50 mm から 40 mm、溝深さ 5 mm
⑤	外径溝端面加工	2箇所	φ50 mm から 40 mm

● 図表 4-1-2-4　外径加工の切削条件（工具：超硬コーティング）●

表面粗さ	切削速度	送り量	切込み量
Ra12.5	120 m/分	0.3 mm	2 mm
Ra3.2	140 m/分	0.2 mm	1 mm
Ra0.4	150 m/分	0.1 mm	0.5 mm

● 図表 4-1-2-5　端面加工の切削条件（工具：超硬コーティング）●

表面粗さ	切削速度	送り量	切込み量
Ra12.5	120 m/分	0.2 mm	1.5 mm
Ra3.2	140 m/分	0.12 mm	0.3 mm
Ra0.4	150 m/分	0.08 mm	0.15 mm

● 図表 4-1-2-6　外径溝加工の切削条件（工具：超硬コーティング）●

表面粗さ	切削速度	送り量	切込み量
Ra12.5	90 m/分	0.2 mm	2.0 mm
Ra3.2	100 m/分	0.12 mm	0.4 mm
Ra0.4	100 m/分	0.08 mm	0.2 mm

4-1-3 旋盤の詳細工程と加工コストの求め方(2)
シャフトの端面加工の機械時間を求めてみる

　旋盤加工における加工条件は、リンゴの皮むきにたとえられます。左手にリンゴを持って、右手に包丁を持つイメージです。

　包丁をリンゴに当てて少し切り込みを入れて、リンゴを回していきます。この切り込みが、切り込み量です。次に、左手に持っているリンゴを回します。1分間にリンゴが何回まわるかが、回転数（rpm）です。リンゴは、1回転させると一段下の皮の部分に移動します。これが送り量です。これらが、切削条件の意味です。

　そして、送り量に回転数を乗じた値が、1分間の切削長さ（距離）になります。この値を活用していきます。

　まず加工条件を、前項の図表4-1-2-2を用いて、①端面加工の機械時間を求めてみます。

　加工条件から回転数を求めます（端面加工及び外径加工）。

$$回転数 = \frac{切削速度 \times 1{,}000}{被削材直径 \times 円周率(\pi)}$$

【端面加工及び外径加工の回転数】

Ra12.5の場合

　$(120 \text{ m/分} \times 1{,}000) \div (50 \text{ mm} \times 3.14) \fallingdotseq (764) \text{rpm}$

Ra3.2の場合

　$(140 \text{ m/分} \times 1{,}000) \div (50 \text{ mm} \times 3.14) \fallingdotseq (892) \text{rpm}$

回転数を求めるにあたっては、表面粗さによって加工条件が異なっています。表面粗さは、Ra12.5（荒削り）、Ra3.2（中仕上げ）、Ra0.4（仕上げ）に分類されます。実際の回転数は、端数のない数値にすることが一般的です。

　次に、回転数と1回転当たりの送り量から1分間の送り量を求めます。

　前項の図表4-1-2-1では、表面粗さが、Ra3.2になっていますので、作業の手順は、荒削りを行い、最後に中仕上げを行うことで考えます。

$$回転数 \times 送り量 = 1分当たりの送り量$$

【端面加工の 1 分間当たりの送り量】
Ra12.5 の場合
　(764) rpm × 0.2 mm = (153) mm/分
Ra3.2 の場合
　(892) rpm × 0.12 mm = (107) mm/分

　このとき、切込み量が必要になってきます。切削条件に記載されている切込み量では、何回の切込み回数が必要かを求めます。
　端面加工を続けます。1 回当たりの切り込み量が Ra12.5（荒削り）のとき 1.5 mm で、Ra3.2（中仕上げ）のときに 0.3 mm となっています。したがって、中仕上げで 1 回と荒削り 2 回になるわけです。

$$加工時間 = \frac{加工長さ}{1回転あたり送り量 \times 回転数} \times 切込み回数$$

$$切込み回数 = (加工前径 - 加工後径) \div 2 \div 切り込み量$$

【端面加工の切込み回数】
中仕上げ（Ra3.2）の場合
　1 回（中仕上げ）　　2.0 mm − 0.3 mm = 1.7 mm
　荒削り
　残り回数　　　　　　1.7 mm ÷ 1.5 mm = 1.1 回　⇒　2 回
最後に、端面加工の機械時間を算出します。

【端面加工の機械時間】
Ra3.2 の機械時間
　50 mm ÷ (107) mm/分 = (0.47) 分
Ra12.5 の機械時間
　50 mm ÷ (153) mm/分 = (0.33) 分
　0.33 分 × 2 回 = 0.65 分
端面加工の部分
　(0.47 分 + 0.65 分) × 2 箇所 ≒ 2.2 分

4-1-4 旋盤の詳細工程と加工コストの求め方(3)
シャフトの外径加工、外径端面加工、外径溝加工、外径溝端面加工の機械時間を求めてみる

　同様に②外径加工、③外径端面加工、④外径溝加工、⑤外径溝端面加工の機械時間を求めていきます。
　②外径加工と③外径端面加工、⑤外径溝端面加工の回転数は、端面加工の回転数と同じになります。また、外径溝加工の回転数は、以下のようになります。

【外径溝加工の回転数】
　Ra12.5 の場合
　　(90 m/分×1,000)÷(50 mm×3.14)≒(573)rpm
　Ra3.2 の場合
　　(100 m/分×1,000)÷(50 mm×3.14)≒(637)rpm

次に、1 分間当たりの送り量を求めます。

【外径加工の 1 分間当たりの送り量】
　Ra12.5 の場合
　　(764)rpm×0.3 mm =(229)mm/分
　Ra3.2 の場合
　　(892)rpm×0.2 mm =(178)mm/分

【外径溝加工の 1 分間当たりの送り量】
　Ra12.5 の場合
　　(573)rpm×0.2 mm =(115)mm/分
　Ra3.2 の場合
　　(637)rpm×0.12 mm =(76)mm/分

　そして、外径加工について切込み回数を求めます。1 回当たりの切り込み量が Ra12.5（荒削り）のとき 2 mm で、Ra3.2（中仕上げ）のときに 1 mm となっています。したがって、中仕上げで 1 回と荒削り 5 回になるわけです。

【外径加工の切込み回数】

　　50 mm − 30 mm = 20 mm

　　20 mm ÷ 2 = 10 mm

　　中仕上げ（Ra3.2）の場合

　　1 回（仕上げ）　10 mm − 1 mm = 9 mm

　　荒削り

　　　残り回数　9 mm ÷ 2 mm = 4.5 回　⇒　5 回

【外径溝加工の切込み回数】

　　50 mm − 40 mm = 10 mm

　　10 mm ÷ 2 = 5 mm

　　中仕上げ（Ra3.2）の場合

　　1 回（仕上げ）　5 mm − 0.4 mm = 4.6 mm

　　荒削り

　　　残り回数　4.6 mm ÷ 2 mm = 2.3 回　⇒　3 回

　ここからは、各加工箇所ごとに機械時間を求めていきます。

　外径加工では、φ50 mm を φ30 mm に削った後、その端面を中仕上げで1回削ることにします。

　また、外径溝加工では、φ50 mm を φ40 mm の溝を削った後、溝の両端面2箇所も中仕上げで1回ずつ削ることにします。

【外径加工の機械時間】
　外径加工の機械時間
　　Ra3.2 の機械時間
　　　50 mm ÷ (178) mm/分 = (0.28) 分
　　Ra12.5 の機械時間
　　　50 mm ÷ (229) mm/分 = (0.22) 分
　　　(0.22) 分 × 5 回 = 1.1 分
　端面加工の機械時間
　　Ra3.2 の機械時間
　　　10 mm ÷ (107) mm/分 = (0.09) 分
　外径加工の部分
　　0.28 分 + 1.1 分 + 0.09 分 = 1.47 分

【外径溝加工の機械時間】
　外径溝加工の機械時間
　　Ra3.2 の機械時間
　　　20 mm ÷ (76) mm/分 = (0.26) 分
　　Ra12.5 の機械時間
　　　20 mm ÷ (115) mm/分 = (0.17) 分
　　　(0.17) 分 × 3 回 = 0.52 分
　端面加工の機械時間
　　Ra3.2 の機械時間
　　　5 mm ÷ (107) mm/分 = (0.05) 分
　　　(0.05) 分 × 2 箇所 = 0.09 分
　外径溝加工の部分
　　(0.26 分 + 0.52 分 + 0.09 分) = 0.87 分

　以上のようにして、機械時間を求めます。
　この機械時間と材料の着脱のための手扱い時間を加え、さらに一般余裕率を加味した時間が、標準の作業時間になるわけです。

Column 旋盤加工で丸物形状以外も作れる

　材料 S45C の円盤状の真ん中に四角い穴をあけられないかという相談を受けたことがあります。その会社では、旋盤加工では無理だが、どのような加工方法であればできるのかわからずに困っていました。

　すぐに思いつく加工方法は、円盤状の中央にドリルで穴をあけ、ワイヤーカット放電で四角に切ることです。この加工方法の会社を紹介しました。

　この他には、ブローチ加工もあります。ブローチ加工の場合、工具（刃物）を製作しなければなりませんので、時間がかかります。

　このときに思い出したのですが、下図のような形状を製作している会社がありました。

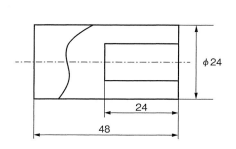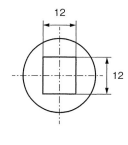

　どのような加工方法を用いているのか分かりますか。

　四角い穴が貫通をしていれば、上記のような方法で製作することも可能です。しかし、貫通ではなく、途中で止まっています。

　実は、旋盤で加工していました。その詳細は、特殊な工具（刃物）を使って、穴加工と同じように工具を押し込んでいくようです。

　旋盤加工は、丸物形状を製作するものだと思っていた先入観を変える出来事でした。

ポイント1 段付き加工のコーナーRと加工コスト
切削抵抗が切削条件に影響を与えている

　ここまで、旋盤加工について、基本的な機械時間の求め方を説明しました。しかし、実際の加工では、このほかにも機械時間に影響を与える要因があります。それらの要因の中で、製品設計を進めるうえで、注意を払っていくべきことを考えてみます。

　ここに、段付きシャフトについての2種類の図面があります（**図表 4-1-5-1**）。2つの図面を比較すると、シャフトの段の部分のコーナーRが、0.2 mmと0.5 mmの違いだけです。

　そこで、この2つの図面の機械時間は同じ値になると判断して良いのでしょうか。結論から述べますと、答えはノーです。

　理由は2つあります。一つ目は、一般の超硬バイトは、ノーズR0.4 mmよりも大きいものを使っています。このため、コーナーRが0.2 mmの図面では、ノーズR0.2 mmを作るか、特注品で購入することになることです。そしてもう一つは、切削抵抗を考える必要があることです（**図表 4-1-5-2**）。

　切削抵抗は、工作物（加工物）を削るときに、工具（刃物）にかかる抵抗のことで、切粉の面積 $1\,\text{mm}^2$ 当たりの値を比切削抵抗といいます。つまり、切削条件を変えなければ、切削の面積が小さくなった分、比切削抵抗が大きくなって、バイトの寿命が著しく低下することになります。

　前述の例は、超硬バイトの切削条件です。当然、ノーズR0.5 mmでも適用できる条件ですが、ノーズR0.2 mmの場合には適用できません。

　ノーズR0.2 mmの場合には、表面粗さごとに切削速度、送り量、切り込み量について、切削条件を落とさなければなりません。

　また、工場では、ハイスバイトを用いて、ノーズR0.2 mm以下の形状を製作することもあります。

　この結果、機械時間は、大幅に増えることになります。

　このような場合には、どのように対処していけばよいのでしょうか。

　図表 4-1-5-3 のように、段付きシャフトのコーナーRを0.5 mmにし、組み合わせする相手部品の面取りを大きめにとることです。これで、機械時間の増加を防ぎ、加工コストを抑えることができます。**図表 4-1-5-4** に、機械時間の算出例を示します。

● 図表 4-1-5-1　2つの段付きシャフト ●

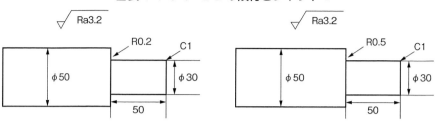

● 図表 4-1-5-2　バイトの形状とノーズR ●

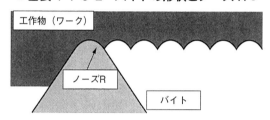

● 図表 4-1-5-3　面取り対策 ●

● 図表 4-1-5-4　機械時間の算出（例）●

R0.2 mm の機械時間	R0.5 mm の機械時間
2.35 分	0.38 分

※加工条件に基づいて、中仕上げのみの機械時間を算出

4-1-6 ポイント2　加工長さと加工コスト

直径と長さの関係に注意する

　次に、シャフトの長さと芯ブレについて考えてみましょう。

　図表 4-1-6-1 のように、2種類のモーター用のシャフト(a)(b)があります。表面粗さ Ra0.8 で、直径 φ18 mm の段付きシャフトです。違いは、(a)が長さ 60 mm に対して(b)は同 120 mm と、2倍の長さがあるところです。

　どちらも、直径 φ18 mm には h8 の公差が入っています。つまり、18 mm の +0 ～ -0.027 mm の範囲ということになります。

　旋盤加工では、丸棒材の一方の軸端を加えて加工することになります。そして、全長が長くなれば、もう一方の軸端は芯ブレが発生し、全長が長くなればそれだけ振れも大きくなってしまいます。また、バイトを押し当てたとき、材料は、反発して逃げていきます。

　このように、全長は振れを大きくさせる要因になり、段付シャフトの品質を確保しにくくするものです（**図表 4-1-6-2**）。このため、振れを抑えるために、センタ押し作業によって振れを抑えるわけです。

　具体的には、センタ穴ドリルを用いてセンタ穴を作り、センタ押しの取り付ける作業を行います（**図表 4-1-6-3**）。この結果、芯ブレを抑えることができ、品質の確保を容易にします。

　しかし、このセンタ押し作業の時間は、その分だけ加工コストを上昇させることになります。つまり、長尺の加工物（ワーク）は、加工コストをアップさせる要因を持っているということです。

　それでは、このセンタ押し作業は、どのような場合に必要になってくるのでしょうか。

　結論から述べますと、長さに対する直径の倍率（比率）がポイントになります。今回の例では、60/18 = 3.3 倍と 120/18 = 6.7 倍になっています。そしてもう一つが、材料の直径になります。

　図表 4-1-6-4 に、センタ押し作業がいらない例を示します。

●図表 4-1-6-1　モーター用のシャフト●

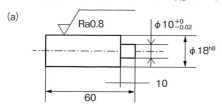

●図表 4-1-6-2　全長による振れ●

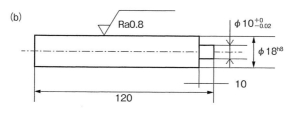

●図表 4-1-6-3　センタ押し作業●

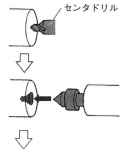

●図表 4-1-6-4　センタ押し作業が いらない例●

直　径	許容差	長さ/直径（倍率）
1～3 mm		3
3～50 mm	h8	5
50～400 mm		3

4-1-7 ポイント3 加工外径と加工内径の精度と加工コスト

同軸度を考える

前項では、加工物（ワーク）の外形について考えました。ここでは、加工物の内形について考えてみます。

図表 4-1-7-1 のような品目があります。

この品目は、調整ツマミの部品で$\phi 10\,\mathrm{mm}$の部分にベアリングが入ります。つまり、ベアリングは2個使われます。そして、ベアリングの入る部分の同軸度が、$0.02\,\mathrm{mm}$になっています。

旋盤加工では、この同軸度を確保するために、材料をくわえたら一方向から両方の$\phi 10\,\mathrm{mm}$の部分を加工することです。このように進めれば、十分に要求を確保することができます。このときに作業者が注意する点は、一方向から加工するため、バイトが$\phi 6\,\mathrm{mm}$を通って$\phi 10\,\mathrm{mm}$を加工できるようにすることです。

では、**図表 4-1-7-2** のように$\phi 10\,\mathrm{mm}$の間の距離が離れた場合でも、同じ加工手順で進めることができるでしょうか。

この場合、バイトが$\phi 6\,\mathrm{mm}$を通って$\phi 10\,\mathrm{mm}$を加工するには、距離があるため困難になります。このため、別の手順で加工することになります。一方を加工したら、材料をくわえ直してもう一方を加工します。

この手順で進める場合、くわえ直しによって同軸度に狂いが生じます。この狂いを抑えるためには、$\phi 10\,\mathrm{mm}$を基準とした治具を用います。

それには、**図表 4-1-7-3** のように内径と端面を基準にした内径チャック治具か、**図表 4-1-7-4** のように外径と端面を外径基準にした外径チャック治具が妥当です。

そして、この加工形状と同軸度は、くわえ替えが発生するとともに、加工コストのアップに

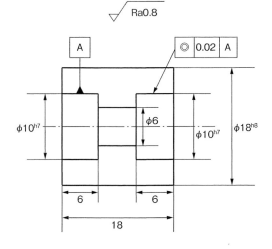

●図表 4-1-7-1　調整ツマミの部品●

つながることを理解してください。

最後に、**図表 4-1-7-5** に、同軸度について参考例を示します。

● **図表 4-1-7-2　調整ツマミの部品。φ10 mm の間の距離が離れた場合** ●

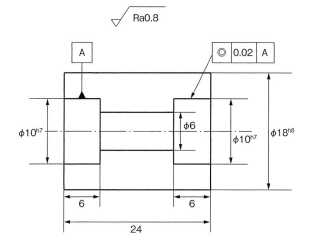

● **図表 4-1-7-3　内径と端面を基準にした内径チャック治具** ●

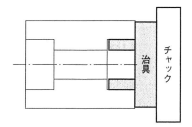

● **図表 4-1-7-4　外径と端面を外径基準にした外径チャック治具** ●

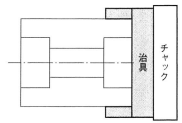

同軸度を確保するために内径側、あるいは外径側の精度を確保し、治具を用いてガイドする。

● **図表 4-1-7-5　同軸度と加工精度（例）** ●

内径（d）	公差	外径（D）	公差	同軸度	同軸度（※）
3～5	H8	d+1 よりも大	h8	0.01	0.02
5～10		d+2 よりも大			
10～50		d+3 よりも大			
50～100		d+4 よりも大		0.015	0.03

※は同時加工ではない場合

ポイント4　端面精度と加工コスト

平行度を考える

　次に、平行度について考えます。**図表4-1-8-1**のような品目があります。
　この品目はシャフトなのですが、注目すべき点は端面の平行度です。端面の平行度が0.02 mmになっています。
　生産数量が1,000個ということですので、旋盤加工では、丸棒材をバーワークで削っていくことになります。加工手順は、1箇所をくわえて、全部の加工をすることで製作します（ワンチャックでの加工）。
　これに対して、試作段階では、5～10個程度の生産数量になるでしょう。この場合には、丸棒材を1個ずつカットするパーツワークで削っていくことになるでしょう。
　さて、このとき、端面の平行度0.02 mmの精度の確保は、問題ないでしょうか。また、**図表4-1-8-2**のように長尺のシャフトの場合には、平行度0.02 mmの精度を確保できるでしょうか。
　長尺のシャフトでは、丸棒材を1個ずつカットした材料をくわえて削り、完了したならば、工作物（ワーク）をチャックから外します。そして、工作物を反転させ、反対側の部分の加工をします。
　ワンチャックでは平行度の確保は問題ありませんが、前述のように一度くわえ直しをした場合、端面の平行度0.02 mmを確保できるでしょうか。
　平行度を確保するためには、前項で述べたように基準となる面を設けることです。この場合には、外径の寸法精度を上げることです。
　また、このような加工形状や生産数量の違いによって、作業手順が異なってきます。そして、それは加工コストが変わることでもあります。
　図表4-1-8-3に、端面平行度の精度の例を示します。

● 図表 4-1-8-1　シャフト ●

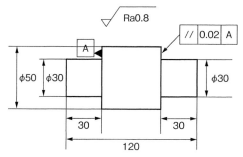

材質　S45C
生産数量　1,000個

● 図表 4-1-8-2　長尺のシャフト ●

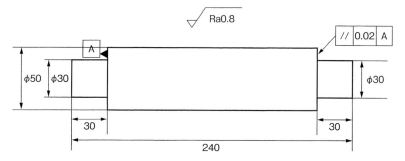

● 図表 4-1-8-3　端面平行度の精度（例）●

内径（D）	長さ（L）	長さの公差	表面粗さ	平行度
～10	～300	±0.01	0.8	0.01
10～20	～300	±0.01	0.8	0.15
10～100	～300	±0.02	1.6	0.15
100～200	～300	±0.02	1.6	0.03

※シャフトの長さは最大 300 mm まで。表面粗さは Ra

4-1-9 ポイント5　素材形態と加工コスト（1）
素材形態の種類や材質、定尺サイズと材料使用量を考える

　ここでは、旋盤加工で使われることの多い棒材について整理をしておきます。

　棒材には、最もよく用いられる丸棒材や六角棒、四角棒などがあります。そして、これらの材料は、定尺材といって一定の長さで切断されています。定尺材は、3.0 m、3.5 m、4.0 m、4.5 m、5.0 m、5.5 m、6.0 m と、7種類が標準寸法であります（**図表4-1-9-1**）。

　次に、材料の表面について考えます。材質 S45C を例にしますと、材料を寸法に合わせて引き抜いた状態で黒い表面ものを、黒皮と呼びます。これに対して、黒皮を切削、研磨で取り除いた状態をミガキ材と呼びます。

　図面の寸法によって、素材の寸法を選ぶときに同じ材質でも黒皮材を使うのか、ミガキ材を使うのか確認をすることがあります。それは、材質と表面状態によって、寸法（サイズ）の有るもの、ないものがあるからです。

　例えば、材質 S45C では、$\phi 31$、$\phi 33$、$\phi 34$ はありません。また、黒皮材では、$\phi 35$、$\phi 40$、$\phi 45$ がありませんが、ミガキ材にはあります。材料の表面状態や寸法、単価について、設計者は知っておく必要があります。

　さらに、材料の使用量を考える場合、バーワークとパーツワークがあります。バーワークでは、定尺の材料について、自動供給装置（バーフィーダー）を用いることによって、作業者が材料の取り付け、取り外しを行うことなく、工作物（ワーク）を削ることができます（**図表4-1-9-2**）。

　これに対してパーツワークは、工作物を1個製作するために必要な材料に分けて、1個ずつ材料を供給して削っていくことです。この2つの材料使用量は、**図表4-1-9-3** のように異なっており、材料使用量にも差が出てきます。

　そして、バーワークは一般に生産数量がまとまる場合に用いられ、パーツワークは生産数量の少ない場合と、材料径が大きく重量物である場合に用いられます。

　また、加工コストの観点からみますと、バーワークの場合には、設備機械の掛け持ちをすることによって、コストを引き下げることが可能になります。

● 図表 4-1-9-1　定尺材の種類 ●

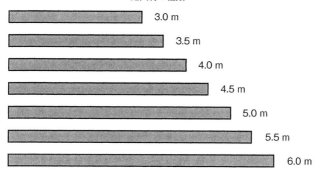

● 図表 4-1-9-2　材料供給装置（バーフィーダー）●

● 図表 4-1-9-3　材料使用量の求め方 ●

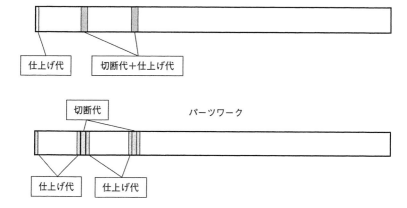

4-1-10 ポイント6　素材形態と加工コスト（2）
旋盤加工の加工限界を知る

　黒皮材とミガキ材について、もう少し補足します（**図表 4-1-10-1**）。

　実際に黒皮材とミガキ材のどちらを採用しているかを考えますと、黒皮材は表面の凹凸がありますが、残留応力が少ないこともあって、加工性が良いという利点があります。また、材料単価の面でも、切削や研磨が入っていないので優位です。

　これに対してミガキ材は、寸法（サイズ）種類が多いこと、材料表面が滑らかなことといった利点があります。また、精度を要求する品目では、ブラストなどの前処理をしなくて済むことからミガキ材が中心になっています。

　なぜミガキ材の方が、精密な部品の加工に向いているかを述べますと、黒皮材とミガキ材の等級がポイントになります。

　例えば、材質 S45C で直径 $\phi 10$ mm の許容公差は、いくつになるでしょうか。黒皮材の場合 0〜0.036 mm、ミガキ材の場合 0〜0.015 mm となります。寸法許容差の大きい材料をくわえた場合、それだけ振れが生じることになります。それは、精度を出しにくいことでもあります。

　このため、高い精度を出すことのできる CNC 旋盤には、許容差の狭い材料を要求していることがあります。

　そしてもう一つ、CNC 旋盤は、どこまでの精度を確保できるのかということです。これは、工作物（ワーク）の大きさによって異なります。また、工作機械や工具メーカーの方針や開発コンセプトによっても違ってきます。

　そのため、現在自社の保有する設備機械や取引している外注先の設備機械を中心に、加工精度を整理しておくことが必要です。

　加工コストに対する効果的なコストダウンの一つは、加工をしないことです。したがって、旋盤加工で対応できるか、研削工程を必要とするのかを判断するための加工限界を整理しておくことです（**図表 4-1-10-2**）。

　これには、素材径の大小や、コスト見積りの基準にする旋盤の仕様によっても変わってきます。これらのことを知り、整理することが大切です。

● 図表 4-1-10-1　黒皮材とミガキ材の比較 ●

黒皮材	・熱間圧延加工品である ・ミガキ材よりも安価である ・加工性に優れている ・鋼材の表面が酸化して黒くゴツゴツしているため、寸法精度が必要な用途には不向き ・外観が重要視されるような用途には不向き ・黒皮を剥がして使う必要がある
ミガキ材	・冷間圧延加工である ・黒皮材よりも高価である ・残留応力が含まれているため、加工で注意をする必要がある

● 図表 4-1-10-2　加工限界例 ●

加工方法	加工限界
旋削加工	真円度（0.015）、円筒度（0.002）、熱変位（1m当たり10μ）
転削加工	平面度（0.03）、真円度（0.005）、平行度（0.02）

4-2　転削加工と加工コスト

4-2-1　フライス加工の種類と概要（1）
多くの種類の機械があるフライス加工

　これまで、旋盤加工で必要な知識を述べてきました。ここからは、フライス加工について述べます。フライス加工は、旋盤加工とは反対に、工作物（ワーク）は固定され、工具（刃物）が回転して削っていく加工方法です。

　フライス加工をする設備機械を**図表 4-2-1-1** に示します。

　また、フライス加工の機械には、汎用フライス盤からはじまり、NC フライス盤、マシニングセンタ、5軸制御マシニングセンタなどがあります。とくに近年では、5軸制御マシニングセンタを積極的に導入しようという傾向があります。これらの機械の特徴や使用方法について、詳しく知る必要があります。

　マシニングセンタに関しては、周辺装置（付帯設備）が充実していることもあり、生産の効率が高まっているように思います。具体的には、ATC（自動工具交換装置）と APC（自動パレット交換装置）です（**図表 4-2-1-2**）。

　ATC（自動工具交換装置）は、工作物を加工するうえで、詳細工程ごとに必要になる工具（刃物）を自動的に交換する装置です。また、APC（自動パレット交換装置）は、工作物を載せているパレットを自動で交換する装置です。このパレットを自動で交換できることによって、加工している間に、別のパレットに工作物を載せる、あるいは完成した工作物を降ろす作業ができます。

　これらの装置は、フライス加工のための作業の無人化・省力化に大いに役立つものです。もう少し具体的な例を紹介しますと、ATC（自動工具交換装置）は工具（刃物）交換の手作業がなくなるだけでなく、段取り時間を短縮することにも役立っています。

　さらに、APC（自動パレット交換装置）は工作物の取り付け、取り外しを単純化し、手扱い作業と段取り作業を分けることで生産性の向上を図っています。

● 図表 4-2-1-1　フライス加工の設備機械 ●

横形マシニングセンタ

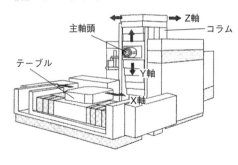

立形マシニングセンタ

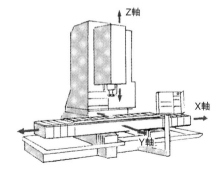

5軸マシニングセンタ

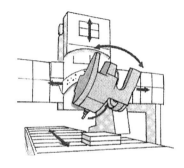

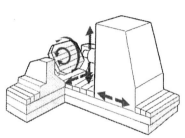

● 図表 4-2-1-2　旋盤加工が可能な機械が持つ詳細工程 ●

ATC（自動工具交換装置）

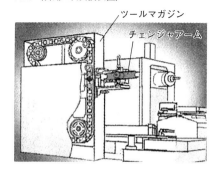

APC（自動パレット交換装置）

4-2-2 フライス加工の種類と概要（2）
フライス加工の詳細工程を知る

　フライス加工は板物加工が中心で、用いる工具（刃物）によって、一般フライス加工、エンドミル加工、穴加工に分類することができます。

　フライス加工が持つ詳細工程を、**図表 4-2-2-1** に示します。

　旋盤加工は、丸物加工といわれ、フライス加工は、板物加工といわれます。また、前述しましたように工作物（ワーク）が回転するのではなく、工具（刃物）が回転するわけですが、フライス加工は、旋盤加工とは異なり、刃が1枚とは限りません。

　フライス加工で用いる代表的な工具（刃物）を**図表 4-2-2-2** に紹介します。正面フライスは、刃物直径と鋳物か否かで、刃数が変わってきます。例えば、直径200 mmサイズの正面フライスでは、10枚の刃がついています。

　フライス加工では、切削条件について1刃あたりの送り量で設定しますので、正面フライスが1回転すると（1刃あたりの送り量×刃数）だけ削ることができます。

　これらの工具について、一般フライス用カッター、エンドミル、穴加工ツールに分けて、加工できる形状を**図表 4-2-2-3** に示します。

●図表 4-2-2-1　加工できる形状●

一般フライス加工	エンドミル加工	穴加工
平面加工	平面加工	センタもみ加工
段差加工	段差加工	穴加工
側面加工	側面加工	リーマ加工
溝加工	溝加工	ボーリング加工
すり割り加工	キー溝加工	タップ加工
T溝加工	切欠き加工	面取り加工
	袋（ポケット）加工	座ぐり加工
	窓加工	裏座ぐり加工
	曲面加工	
	ヘリカル加工	

図表 4-2-2-2　代表的な工具の種類（例）

a. 一般フライス			
正面フライス 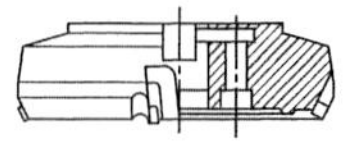	平フライス 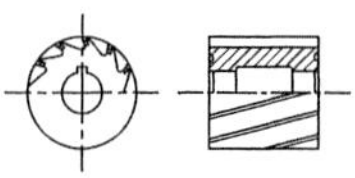	側フライス 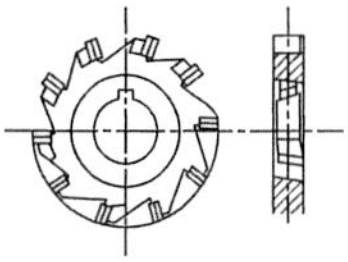	メタルソー 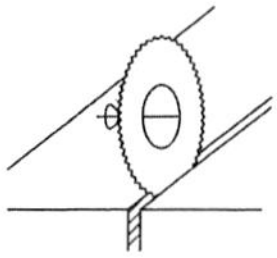

b. エンドミル			
2枚刃エンドミル 	4枚刃エンドミル 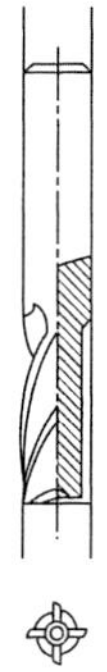	ボールエンドミル 	

c. 穴加工			
ドリル 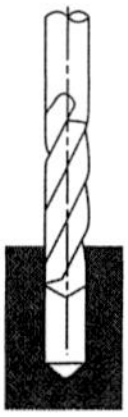	リーマ 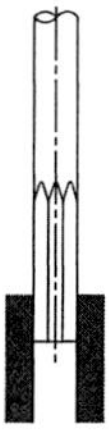	タップ 	ボーリング 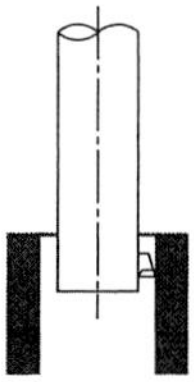

● 図表 4-2-2-3　代表的な加工例 ●

a. 平面加工：平面加工は、平らな面を作るための加工です。正面フライスとフェースミルは、エンドミルよりも刃物径が大きく、刃数も多いため、広い面を加工するときに用いられます。

正面フライス	フェースミル	エンドミル

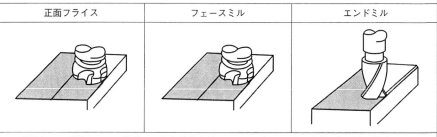

b. 段差加工：段差加工は、階段のような段差を付けるための加工です。段差の幅が広い場合、フェースミルがよく用いられます。また、フェースミルの場合、段差の側面部分を仕上げるためにエンドミルを用いることがよく見られます。

側フライス	フェースミル	エンドミル

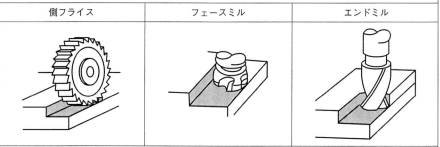

c. 側面加工：側面加工は、工作物の側面を加工するために用いられます。側面が高い場合には、工作物を反転させて、正面フライスを用いて平面加工で行うこともあります。

平フライス	エンドミル	

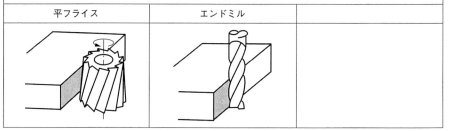

d. 溝加工：平面などに溝を入れるための加工です。近年は、エンドミルを用いることが多いようです。

側フライス	エンドミル	
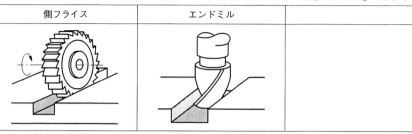		

e. 穴加工：穴加工には、もみつけ、ドリルによる穴、エンドミルを用いたヘリカル加工よる穴、ボーリング（中ぐり）による精密な穴などがあります。穴の精度や穴の寸法と数による使い分けがあります。また、穴の加工の後に、リーマ加工による仕上げ、タップ加工、座ぐり加工、裏座ぐり加工などがあります。

ドリル	リーマ	タップ

ボーリング	面取り	

4-2-3 フライス加工の詳細工程と加工コストを求める(1)
平面加工、側面加工、穴加工の機械時間を求めてみる

それでは、フライス加工での機械時間の算出の仕方について述べます。

フライス加工でよく使われる正面フライスによる平面加工、エンドミルによる側面加工、ドリルによる穴加工の3つについて、事例をもとに求めていきます。

フライス加工における機械時間について、**図表4-2-3-1**のプレートをもとに実際に求めてみます。このプレートの材質は、S45Cになっており、表面粗さがRa3.2に指定されています。

今回使用する材料は板厚16mmの板材で、厚さ10mmに削ることにします。このプレートの加工箇所を整理しますと、以下のようになります。なお、**図表4-2-3-2**に、加工箇所と下表の手順の関係を示します。

	詳細工程	箇所数	加工寸法
1	平面加工	2箇所	幅100mm 長さ100mm、取り代3mm
2	側面加工	4箇所	幅10mm 長さ100mm、取り代2mm
3	もみつけ加工	6箇所	1箇所当たり0.15分とする
4	穴加工	4箇所	φ5mm、深さ10mm
5	面取り加工	4箇所	φ8mmのドリル、深さ1mm
6	タップ加工	4箇所	M6タップ、深さ10mm
7	穴加工	2箇所	φ30mm、深さ10mm
8	面取り加工	2箇所	深さ1mm

第4章 図面から読み取る加工費の求め方【切削・研削】

● 図表 4-2-3-1 プレート（例）●

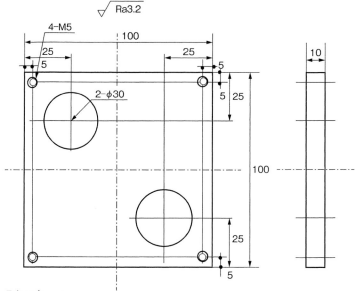

品名：プレート
材質：S45C
生産数量：10 pcs.

● 図表 4-2-3-2 プレートの加工箇所と手順 ●

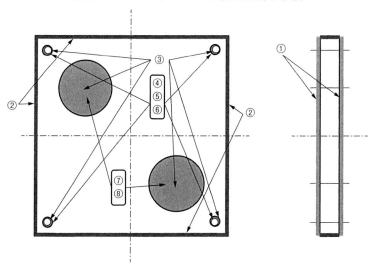

4-2-4 フライス加工の詳細工程と加工コストを求める(2)
平面加工、側面加工、穴加工の機械時間を求めてみる

　加工形状ごとに、平面加工、側面加工、穴加工の機械時間を求めてみます。このためには、切削条件を準備する必要があります。詳細工程ごとに切削条件を**図表4-2-4-1**、**図表4-2-4-2**、**図表4-2-4-3**に示します。

　まず切削条件から回転数を求め、つぎに1分間当たりの送り量を算出します。ここでは、平面加工と側面加工について求めます。

1. 回転数

$$回転数 = \frac{切削速度 \times 1,000}{刃物直径 \times 円周率(\pi)}$$

a. 平面加工
　Ra12.5の場合
　　$(100 \text{ m/分} \times 1,000) \div (\phi 160 \text{ mm} \times 3.14) = (199) \text{ rpm}$
　Ra3.2の場合
　　$(110 \text{ m/分} \times 1,000) \div (\phi 160 \text{ mm} \times 3.14) = (219) \text{ rpm}$

b. 側面加工
　Ra12.5の場合
　　$(50 \text{ m/分} \times 1,000) \div (\phi 12 \text{ mm} \times 3.14) = (1,327) \text{ rpm}$
　Ra3.2の場合
　　$(60 \text{ m/分} \times 1,000) \div (\phi 12 \text{ mm} \times 3.14) = (1,592) \text{ rpm}$

● 図表 4-2-4-1　切削条件（工具：超硬コーティング） ●
　　　　　　①平面加工（正面フライス）

精度	切削速度	送り量	切込み量
Ra12.5	100 m/分	0.3 mm/刃	3 mm
Ra3.2	110 m/分	0.2 mm/刃	1 mm
Ra0.4	120 m/分	0.1 mm/刃	0.3 mm

刃物径　　φ80 mm（4枚刃）、φ100 mm（5枚刃）、φ125 mm（6枚刃）、
　　　　　φ160 mm（8枚刃）

※　φ160 mm（8枚刃）を用いる。

● 図表 4-2-4-2　切削条件（工具：超硬コーティング） ●
　　　　　　②側面加工（エンドミル2枚刃）

精度	切削速度	送り量	切込み量
Ra12.5	50 m/分	0.3 mm/刃	3 mm
Ra3.2	60 m/分	0.1 mm/刃	1 mm
Ra0.4	70 m/分	0.08 mm/刃	0.5 mm

刃物径　　φ10、φ12、φ15

φ12 mm（2枚刃）のエンドミルを用いる。

● 図表 4-2-4-3　切削条件（工具：超硬コ ●
　　　　　　ーティング）③穴加工

ⅰ）センタもみ　　0.15分/pcs.

ⅱ）ドリル加工

精度	切削速度	送り量
Ra12.5	15 m/分	0.15 mm
Ra3.2	15 m/分	0.1 mm

ⅲ）タップ加工

　回転数　300 rpm
　ネジM6のネジピッチ　1 mm
　総付加長さ＝(食付き＋深さ)＋付加長さ
　　　　　　＝(1×8)＋10＝18 mm

※　食付き＋深さは、ネジピッチ×8とする。

2. 1分間当たりの送り量

　フライス加工は、旋盤加工と異なり、工具（刃物）が回転します。そして、工具（刃物）には、刃が複数取り付けてあります。この1枚の刃ごとに材料を削ることになります。これが、1刃当たりの送り量です。

　したがって、刃が4枚付いていれば、1刃当たりの送り量に刃数を乗じた値が、1回転当たりの進む距離になります。この値に工具（刃物）の回転数を乗じた数値が、1分間当たりの切削長さ（距離）になるわけです。

テーブル送り量＝1刃当たり送り量×刃数×回転数

a. 平面加工
　Ra12.5 の場合
　　(199) rpm×0.3 mm/刃×8枚＝(478) mm/分
　Ra3.2 の場合
　　(219) rpm×0.2 mm/刃×8枚＝(350) mm/分

b. 側面加工
　Ra12.5 の場合
　　(1,327) rpm×0.3 mm/刃×2枚＝(796) mm/分
　Ra3.2 の場合
　　(1,592) rpm×0.1 mm/刃×2枚＝(318) mm/分

その次に、平面加工と側面加工の機械時間を求めます。

　フライス加工では、図面の切削長さの寸法をそのまま計算に組み入れることは出来ません。平面加工、側面加工のときには、工具（刃物）の直径を考慮する必要があります。つまり、加工長さに工具（刃物）の直径を加えた合計が、テーブルの総送り長さになります。

　そして、ここで切込み回数も考慮に入れておくことが必要です。切込み回数と工具径（刃物径）を含めた計算をすることが大切です。

3. 平面加工の機械時間

$$構成時間 = \frac{テーブルの総送り長さ}{1刃あたり送り量 \times 刃数 \times 回転数}$$

切込み回数
  Ra3.2 の場合
    1 回（仕上げ）   3 mm − 1 mm = 2 mm
  Ra12.5 の場合
    残り回数   2 mm ÷ 3 mm = 0.67 回 ⇒ 1 回

  Ra3.5 の場合
    (100 mm + 160 mm) ÷ (478) mm/分 = (0.54) 分
  Ra12.5 の場合
    (100 mm + 160 mm) ÷ (350) mm/分 = (0.74) 分

    (0.54 分 × 1 回 + 0.74 分 × 1 回) × 2 面 = 2.6 分

    合計   2.6 分

4. 側面加工の機械時間

切込み回数
  Ra3.2 の場合
    1 回（仕上げ）   2 mm − 1 mm = 1 mm
  Ra12.5 の場合
    残り回数   1 mm ÷ 3 mm = 0.33 回 ⇒ 1 回

  Ra3.2 の場合
    (100 mm + 12 mm) ÷ (796) mm/分 = (0.14) 分
  Ra12.5 の場合
    (100 mm + 12 mm) ÷ (318) mm/分 = (0.35) 分

    (0.14 分 × 1 回 + 0.35 分 × 1 回) × 4 箇所 = 2.0 分

    合計   2.0 分

4-2-5 フライス加工の詳細工程と加工コストを求める(3)
平面加工、側面加工、穴加工の機械時間を求めてみる

次に、穴あけ及びネジ加工について機械時間を求めます。

穴あけは、単にドリルで穴をあけるということではなく、あける穴の位置がズレないようにもみつけを行います。

そのうえで、ドリルで穴をあけ、穴径よりも大きいドリルで穴加工の面取り作業を行うことにします。

また、$\phi 30$ mm の穴をあける際には、比切削抵抗を考慮する必要があります。つまり、もみつけ後に $\phi 30$ mm のドリルで一気に穴あけを行うには、切削抵抗値が大きいため、まずは $\phi 20$ mm のドリルで穴をあけ、その後に $\phi 30$ mm のドリルで穴あけという手順を踏むことにします。

【加工手順】
① センタもみをする。
② $\phi 20$ mm のドリルで穴をあける。
③ 30 mm で寸法に合わせる。

また、穴あけについてはドリルを用いますが、先端部分を深さに追加しています。ドリル $\phi 20$ mm では 10 mm、$\phi 30$ mm では 15 mm、M6 の下穴 $\phi 5$ mm では 3 mm を付加しています。さらに、タップ加工では、ネジを切る前の食いつき部を 6 mm 追加しています。

1. 穴加工の機械時間

> 送り速度＝1回当当たり送り量×回転数

a. M6 の下穴加工の 1 分間当たり送り量
   0.15 mm $\times ((15$ m $\times 1{,}000) \div (5$ mm $\times 3.14)) = (143.3)$ mm/分

b. $\phi 30$ の穴加工の 1 分間当たり送り量
   $\phi 20$ mm $\Rightarrow 0.15$ mm $\times ((15$ m $\times 1{,}000) \div (20$ mm $\times 3.14)) = (35.8)$ mm/分
   $\phi 30$ mm $\Rightarrow 0.1$ mm $\times ((15$ m $\times 1{,}000) \div (30$ mm $\times 3.14)) = (15.9)$ mm/分

$$機械時間 = \frac{穴深さ}{送り速度}$$

c. φ30 の穴加工の機械時間
　　M6 の下穴加工
　　　$(10 \text{ mm} + 3 \text{ mm}) \div 143.3 \text{ mm/分} = (0.1)$ 分
　　　0.1 分 × 4 箇所 = (0.4) 分

　　　　φ20 mm ⇒ $(10 \text{ mm} + 10 \text{ mm}) \div 35.8 \text{ mm/分} = (0.6)$ 分
　　　　　　　　　　0.6 分 × 2 箇所 = (1.2) 分
　　　φ30 mm ⇒ $(10 \text{ mm} + 15 \text{ mm}) \div 15.9 \text{ mm/分} = (1.6)$ 分
　　　　　　　　　　1.6 分 × 2 箇所 = (3.2) 分

　　　穴加工の機械時間合計　　4.8 分

2. センタもみ加工
　　0.15 分 × 6 箇所 = 0.9 分

3. タップ加工の機械時間
　　$(10 \text{ mm} + 8 \text{ mm}) \times 2 \div 300 = 0.12$ 分
　　0.1 分 × 4 箇所 = 0.5 分

　　平面加工 + 側面加工 + もみつけ + 穴加工 + タップ加工
　　$(2.6$ 分$) + (2.0$ 分$) + (0.9$ 分$) + (4.8$ 分$) + (0.5$ 分$)$

　　機械加工の総時間　　　10.8 分

　以上のようにして機械時間を求めます。
　この機械時間と、材料の着脱のための手扱い時間を加え、一般余裕率を加味した時間が標準の作業時間になるわけです。

4-2-6 ポイント1　平面加工と加工コスト

エンゲージ角について考える

　正面フライスを用いた平面加工で、前項までで紹介できなかったポイントの一つを紹介します。

　今、平面加工で、**図表4-2-6-1**のように直径φ100 mmの正面フライスを用いて、幅200 mm、長さ400 mmの平面を削ろうとしています。このとき、幅200 mmに対して工具（刃物）の直径が100 mmになっていることから、加工は2回（200 mm/100 mm）と考えてよいかということです。

　結論から述べますと、3回あるいは4回になります。

　その理由は、エンゲージ角を考える必要があるからです。エンゲージ角とは、食付き角ともいわれ、材料と刃先の接点と工具（刃物）の中心を結んだときの送り方向との角度を言います（**図表4-2-6-2**）。

　このエンゲージ角が大きいと、刃先が大きな負荷を受け、寿命が短くなります。また、この角度が小さすぎても、刃先への衝撃が大きくなり寿命に影響を与えます。

　このため、適正なエンゲージ角を選定する必要があります。その選択の仕方について、エンゲージ角から選ぶ方法を紹介します（**図表4-2-6-3**）。

　その一方で、工具（刃物）の直径が大きくなると、（切削長さ＋工具直径）が必要な長さになるため、機械時間が多くなります。このため、刃数を検討することも大切です。

　刃数が多ければ、1回転当たりの送り量が増えるので、機械時間の短縮を図ることができます。また、材料について、1枚の刃だけで削るのでなく複数の刃で削ることにより、安定性を確保することもあります。

　ただ、刃数が多すぎると材料が変形したり、ビビリが生じたりするため、図表4-2-6-3を参考にすることも一つの方法です。

　正面フライス加工での機械時間では、このエンゲージ角を考慮しておくことが大切です。

● 図表 4-2-6-1　正面フライスによる加工事例 ●

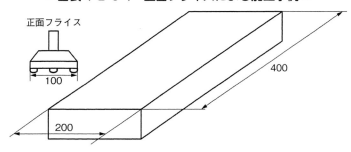

● 図表 4-2-6-2　エンゲージ角 ●

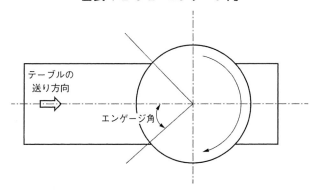

● 図表 4-2-6-3　エンゲージ角を考慮した加工幅との比 ●

被削材	工具と加工物幅の比	刃　数
鋼	3：2	D×1～1.5
鋳鉄	5：4	D×2-1～D×4
軽合金	5：3	D×1+α

※ D は工具の径をインチに換算した値

4-2-7 ポイント2 窓やポケットのコーナーRと加工コスト
詳細工程とR加工について考える

　ここでは、エンドミルを用いた加工に関して、考えてみます。

　エンドミルという工具（刃物）は、ソリットタイプとチップタイプがあります。ここでは、ソリットタイプのエンドミルを中心に述べていきます（図表4-2-7-1）。

　ソリットタイプのエンドミルは、工具（刃物）の刃先部分に超硬などの刃をロウ付けしたものです。

　刃先部分がチップになっているチップタイプのように、簡単に交換することはできませんが、加工精度が要求される部分がある場合や複雑な加工形状の場合などには、ソリットエンドミルがよく使われています。

　ソリットエンドミルは、刃数が2枚から6枚と種類が多いように見えますが、実際には2〜4枚の刃数を用います。それらの用途と特徴を、図表4-2-7-2に示します。

　エンドミルの場合、刃と刃の間をチップポケットといい、ここから切粉が排出されます。この部分が広いと、切粉が排出されやすい利点があります。しかし、その一方で、強度が劣るという欠点があります。このような特徴を理解して、加工について考えてみます。

　それでは、図表4-2-7-3に示す窓加工について、エンドミルを用いて製作するとします。

　まず、このときのコーナーR部の加工について考えてみます。材質S45C、厚さが20mmで、Rの寸法が、2mmと5mmのときの機械時間を算出してみます。この場合、エンドミルは、2mm⇒φ4mmのエンドミル、5mm⇒φ10mmのエンドミルを用いることにします。

　この結果、R形状の寸法が2mmでは、R形状5mmのときよりも大幅に機械時間がかかることが分かります。これは、小径のエンドミルを用いることによって、切削条件そのものも落とさなければな

●図表4-2-7-1　ソリットエンドミルとチップタイプエンドミル

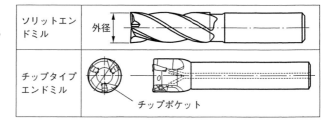

第4章　図面から読み取る加工費の求め方【切削・研削】

らないからです（**図表 4-2-7-4**）。

つまり、コーナーR部を小さくすることは、機械時間に影響を与えることになります。あまり小さくしてはいけないということです。

● **図表 4-2-7-2　刃数とチップポケットの特徴** ●

刃数	特　徴	用　途
2枚刃	切粉の排出が容易 縦送りが容易 4枚刃に比べ、強度が劣る	溝加工 穴加工 側面加工
3枚刃	切粉の排出が容易 縦送りが容易 外径寸法の確認がしにくい	溝加工 穴加工 側面加工 重切削
4枚刃	工具（刃具）の強度がある 切粉の排出が悪い	側面加工 仕上げ加工

● **図表 4-2-7-4　機械時間の比較（例）** ●

R2の機械時間	R5の機械時間
7.4分	1.9分

※加工条件を設定して算出

● **図表 4-2-7-3　窓加工のコーナーR** ●

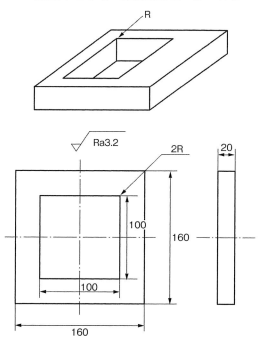

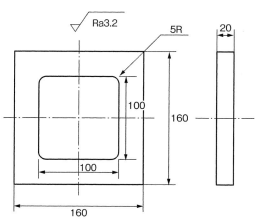

4-2-8 ポイント3　段差、平行度と加工コスト

同一面、反対面の平行度について考える

　板物の加工では、同一面内に段差加工を入れることがよくあります。**図表 4-2-8-1** のように同一平面上に段差加工があり、平行度に公差が設定されているケースです。

　このケースと類似した設定には、端面と段差部分や、対になる方向にある端面の平行度を設定してあることなどが考えられます。

　このような同一平面上にある平行度の要件では、工作物（ワーク）をバイスでくわえ、そのまま加工すれば、平行度を容易に出すことができます。

　これに対して、**図表 4-2-8-2** のように段差加工面が反対の面にある場合、加工の手順は、どのようになるのでしょうか。

　それにはまず、段差加工の基準面を加工します。そして、材料を反転して、裏面を加工することになります。その際には、表面の基準面をもとに平行度 0.02 mm の確保を図っていくことが必要です。

　つまり、表面をくわえたときに基準面を加工し、基準面をもとに裏面の平行度を出すことです。そのためには、基準面は、裏面の平行度を確保するために平面度の精度を高めておく必要があるということです。

　それでは、この場合の加工時間は同じになるでしょうか。

　図面上の加工箇所は 2 箇所です。その切削量を確認しますと、同じ量になっています。したがって、一般に削っている時間は同じになります。

　しかし、裏面に段差加工がある場合には、加工物を機械から取り外し、反転させて再度バイスでくわえるために、手扱い時間が増えることになります。

　また、平行度 0.02 mm であることから、基準になる段差部分の平面度をあげておく必要があります。これは、表面粗さのことでもあります。

　手扱い時間と平面度の精度アップする分、加工時間が増加することになります。また、今回は平行度が 0.02 mm ですので対応可能ですが、平行度 0.01 mm であったならば、別の作業手順を考える必要があります。

　このように、表側と裏側での公差を設けることには注意を払う必要があります。

● 図表 4-2-8-1　段差加工の平行度が同一面（例）●

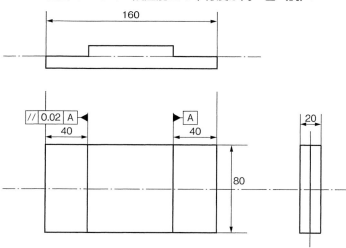

● 図表 4-2-8-2　段差加工の平行度が反対側の面（例）●

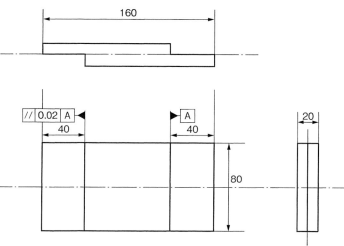

4-2-9 ポイント4 真円度を要求する穴と加工コスト(1)
穴加工の手順と加工精度について考える

　マシニングセンタを用いた穴加工について考えてみます。

　マシニングセンタを使った穴加工は、単にドリルを用いて穴をあけるのではなく、

　①もみつけ⇒　②ドリルによる穴あけ加工⇒　③面取り

の3つの作業を行うことになります。まず、この3つの作業で穴あけが完了することを知っておくことが必要です（**図表4-2-9-1**）。

　もみつけ工程は、穴あけ加工の位置がズレないように、位置を設定するために行います。そして、ドリルで穴あけ加工を行います。この穴あけ加工では、穴の深さが注意点の一つです。

　穴が深い場合、切粉の排出が問題になってきます。穴あけ加工では、ドリルの中に切粉が充満されてしまうと、切粉の影響で穴径が大きくなってしまう、ドリルの回転力が低下する、ドリルの切れが悪くなるなどの現象が発生します。

　このため、穴あけ加工の途中で、切粉を取り除くためにドリルを一度戻して切粉の排出を行い、再度穴あけ作業をすることになります。

　これを、一般にステップ・バックといい、ドリル径×4を目安に実施するとなっています。最後に、穴あけ加工で出来上がった穴の角の面取りを行います。

　このような手順で穴加工が行われることになります。

　それでは、**図表4-2-9-2**のように $\phi 20\,mm$ の穴を深さ $20\,mm$ であけることにします。このときの、穴加工のみを考えます。

　穴の公差は $\pm 0.02\,mm$ になっています。この場合、ドリルだけでこの公差を確保することは難しいでしょう。このため、仕上げ工程を追加することになります。仕上げ工程にはリーマ加工、あるいは最初からエンドミルによるヘリカル加工などが考えられます。

　ここでは、リーマ加工を用いて、公差 $\pm 0.02\,mm$ を確保することにします。つまり、穴加工の機械時間は

　①もみつけ⇒　②ドリルによ

●図表4-2-9-1　穴加工の作業手順●

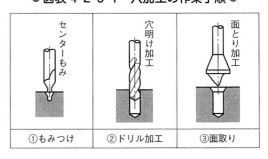

| ①もみつけ | ②ドリル加工 | ③面取り |

る穴あけ加工⇒ ③リーマ加工⇒ ④面取り
の4つの工程を経て完了することになります（**図表 4-2-9-3**）。

● **図表 4-2-9-2**　φ20 mm の穴を深さ 20 mm であけてみる ●

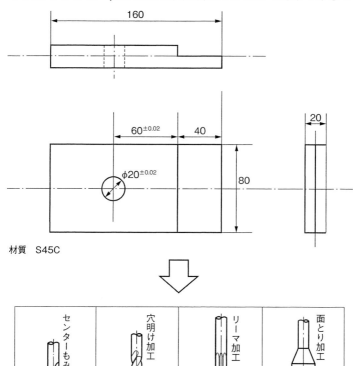

材質　S45C

● **図表 4-2-9-3**　穴加工の機械時間 ●

穴加工の機械時間	リーマ加工の機械時間	合計時間
1.4 分 （もみつけ⇒ドリル⇒面取り）	0.8 分	2.2 分

4-2-10 ポイント5　真円度を要求する穴と加工コスト(2)
穴加工の手順と加工精度について考える

　前項では、穴あけ工程の手順について整理しました。ここでは、穴径の大きさについて考えてみます。

　図表 4-2-10-1 のように、φ40 mm の穴をあける場合は、3 工程＋リーマ加工で進めればいいのでしょうか。順番に考えていきます。

　これまで説明で穴加工は、

　①もみつけ⇒　②ドリルによる穴あけ加工⇒　③面取り

の 3 工程が必要であると述べました。

　しかし、穴径が φ40 mm である場合、比切削抵抗を考える必要があります。φ40 mm を 1 回であけるには、ドリルに対する抵抗も大きくなります。

　このため、一般には、一度下穴をあけてから φ40 mm の穴の加工をします。このため、加工工程が 1 工程増えることになり、加工時間が増加します。

　つまり、

　①もみつけ⇒　②ドリルによる下穴加工⇒　③ドリルによる穴加工⇒　④面取り

という工程手順になるわけです。

　そしてもう一つ、穴の公差が問題となります。穴の公差は、±0.02 mm になっています。公差 ±0.02 mm について、リーマ加工で対応するには、切削抵抗が大きいため無理があります。

　このため、エンドミルによるヘリカル加工、あるいは中ぐり加工（あるいはボーリング加工といいます）を用います。

　ここでは、中ぐり加工によって公差 ±0.02 mm の確保を図ります。

　つまり、

　①もみつけ⇒　②ドリルによる下穴加工⇒　③中ぐり加工による穴加工⇒　④面取り

という工程手順にします（図表 4-2-10-2）。

　穴の寸法公差によって、追加の工程を加える必要があります。これらの追加加工とコストの関係を整理しておくことが必要です。

　図表 4-2-10-3 に、穴加工の機械時間を示します。

第4章　図面から読み取る加工費の求め方【切削・研削】

● 図表 4-2-10-1　φ40 mm の穴あけ加工 ●

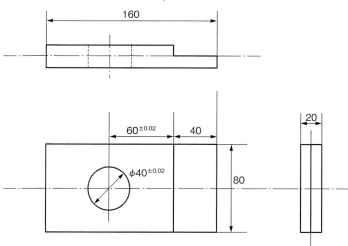

材質　S45C

● 図表 4-2-10-2　穴加工の工程 ●

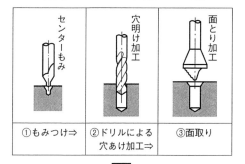

● 図表 4-2-10-3　穴加工の機械時間 ●

穴加工の機械時間	中ぐり加工の機械時間	合計時間
1.4 分 (もみつけ⇒ドリル⇒面取り)	2.5 分	3.9 分

※ドリルは φ20 mm で穴をあけて、中ぐり加工で φ40 mm に広げます。

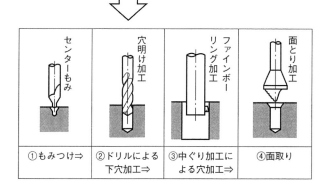

4-2-11 ポイント6　穴間ピッチと加工コスト
穴加工に用いる工具（刃物）について考える

　穴そのものの加工については、これまでの説明でご理解いただけたと思います。そこで本項では、もう一つ、穴間の距離の確保について考えます。穴と穴の距離について、公差を設定していることがあります。

　図表4-2-11-1に示した品名プレートAと、図表4-2-11-2に示した品名プレートBの2つをご覧ください。一見、同じ部品を製作するように見えるのではないでしょうか。

　しかし、この2つの穴の位置を確認しますと、位置の誤差に違いがあります。3D-CADの普及によって、プレートAのような図面表示をすることが増えています。

　プレートAでは、φ6mm±0.02の2つの穴の距離の重要視しています。これに対してプレートBは、端面（A）からの距離を重要視しています。この違いは、他の部品との組立において、端面（A）が、他の部品も含めた必要な位置を確保するための表現が入っているからです。

　もし、この意図を理解しないでプレートAのように書きますと、組立での調整時に苦労が発生します。

　また、実際の加工でも、同じ手順で進められるように見えますが、図面の意図を理解していれば、加工手順は異なってきます。このように図面には、意図が入っています。このため、設計者も自分の意図を伝えることのできるような表現を意識していく必要があります。

　話を穴間の距離の確保に戻しましょう。2枚の図面ともに、穴と穴の間の距離あるいは穴と端面の距離について、±0.05mmと表示されています。

　通常、穴加工にはドリルが用いられますが、±0.05mmの公差では、品質の確保が難しくなります。このため、剛性のあるドリルやエンドミルを用いて加工することになります。

　このように、穴と穴の距離の公差が厳しくなると、用いる工具（刃物）が変わります。ただ、加工箇所の数が多くなければ、用いる工具（刃物）によって機械時間に大きな差が出ることはないでしょう。

　図表4-2-11-3に、同一面の穴間の距離と公差の例を示します。

● 図表 4-2-11-1　品名プレート A ●

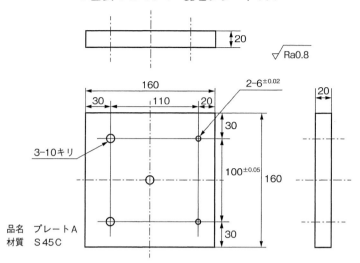

品名　プレート A
材質　S 45 C

● 図表 4-2-11-2　品名プレート B ●

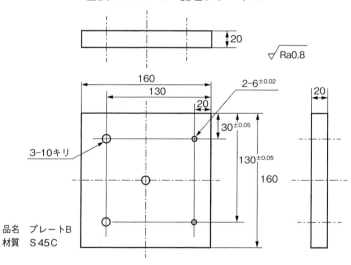

品名　プレート B
材質　S 45 C

● 図表 4-2-11-3　同一面の穴間の距離と公差（例）●

工　具	公　差
汎用カッター	±0.05
汎用ドリル	±0.1

ポイント7　フライス加工での注意点と加工コスト
小径エンドミルは機械時間を大幅に増やすことになる

　図表 4-2-12-1 に示す、ガイドという部品があります。このガイドの材質は、アルミ（A5052）です。

　このガイドには、2 本の溝加工があります。1 本は、幅 0.75 mm で深さ 0.5 mm、長さが 10 mm です。そして、もう 1 本は、幅 1.5 mm で深さ 0.5 mm、長さ 10 mm になっています。幅が異なっている状況です。

　昔は、ショルダーバックのように抱えながら使っていた携帯電話が、いまや胸ポケットに収まるスマートフォンとなり、その機能は、ネットでの情報検索まで当たり前のようになってきました。このように製品のコンパクト化が進み、加工品そのものも微細加工へと移ってきています。

　この図面の溝幅 0.75 mm については、エンドミル φ0.5 mm を用いることにし、溝幅 1.5 mm については、エンドミル φ1.0 mm を用いることにします。ここでも、比切削抵抗を思い出してください、工具（刃物）の刃先部分の面積が小さくなっている分、切削条件を落とすことになります（**図表 4-2-12-2**）。

　具体的には、切削速度を通常の 6〜7 割程度に落とすことになります。そして、もっとも重要なことは、エンドミルの直径が、非常に小さいことから、切込み量に対する抵抗が大きく、エンドミルに変形（ソリ）が発生することになります。

　それは、要求される精度の確保が困難になることを意味します。このため、切込み量を大幅に削減しなければなりません。

　これは経験値ではありますが、エンドミル φ0.5 mm では 0.07 mm、エンドミル φ1.0 mm では 0.5 mm 程度の切込み量になり、**図表 4-2-12-3** に示すような機械時間が必要になってきます。

　溝幅 0.75 mm では、深さ 0.5 mm を削るために 73 回×2 列必要になってくるのです。このように、コンパクト化によって加工品が小さくなることは、機械時間の短縮につながると考えてはいけないのです。

● 図表 4-2-12-1　ガイド ●

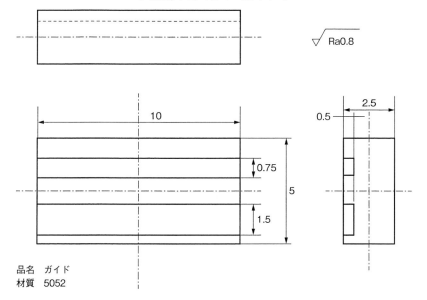

品名　ガイド
材質　5052

● 図表 4-2-12-2　切削速度条件（例）●

	一般	小径エンドミル
荒引き	50 m/分	35 m/分
中仕上げ	60 m/分	40 m/分
仕上げ	70 m/分	45 m/分

● 図表 4-2-12-3　溝加工の機械時間 ●

溝幅	エンドミル直径		機械時間
	底面	側面	
0.75 mm	0.5 mm	0.5 mm	7.5 分
1.5 mm	1.0 mm	1.0 mm	2.3 分

4-3 研削加工と加工コスト

4-3-1 研削加工の種類と概要（1）

研削物の形状によって、さまざまな研削盤がある

　旋盤加工やフライス加工は、工具（刃物）を用いて材料を削ることでした。これに対して研削加工は、砥石を使って材料を磨き、形作っていくと表現したほうが良いかもしれません。そして一番の特徴は、ミクロン（μ）単位の仕上げ公差を確保できることです（図表4-3-1-1）。

　研削加工は、一般に旋盤加工やフライス加工の後工程（二次工程）で用いられます。旋盤加工やフライス加工の工程を抜いて、工作物（ワーク）を研削加工だけで製作できる場合もありますが、そうすると膨大な研削時間が必要になり、採算が取れなくなるからです。

　また、研削の必要な箇所が一部だけということも多く、研削加工だけで品物を作っていくことは稀です。

　それでは、その研削加工について見ていきます。

　研削は、丸物の外周を研削する円筒研削盤、円筒状の内面を研削する内面研削盤、板形状や角物を研削する平面研削盤の3つ設備機械に大別することができます（図表4-3-1-2）。

　このほかには、シャフトの外径の研削でよく使われるセンタレス（芯なし）研削盤や歯車の研削をするための歯車研削盤、ネジを研削するネジ研削盤、精密仕上げ用のホーニングやラッピングなどがあります。

　研削盤について述べる前に、旋盤加工やフライス加工でも用いる工具（刃物）にあたる砥石について整理しておきます

　砥石は、砥粒と結合剤、気孔から構成されています。砥粒は、砥石の微細な粒のことで、工作物を削り取る役割を持っています。これに対して結合剤は、砥粒をつなぎとめる役割を持ち、気孔は、文字通り空洞ですが、切粉上の切粉や砥粒などの逃げの役割を持っています。

　砥石は、工作物を削るだけでなく、砥石自身も削られ、新しい砥粒が出てくることによって研削を継続しています（図表4-3-1-3）。

● 図表 4-3-1-1　研削加工の種類 ●

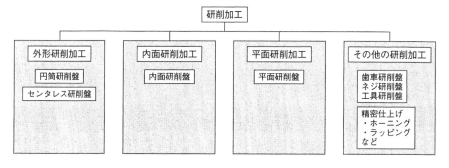

● 図表 4-3-1-2　代表的な研削機械 ●

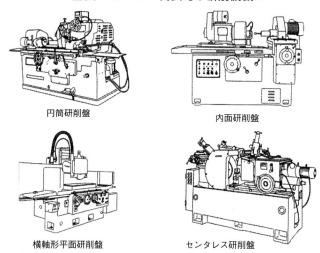

円筒研削盤　　　　　　　　　内面研削盤

横軸形平面研削盤　　　　　　センタレス研削盤

● 図表 4-3-1-3　工具（刃物）と砥石の違い ●

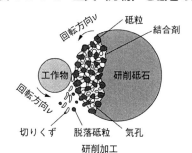

研削加工
（切削イラスト提供：三菱マテリアル）一部修正

研削加工の種類と概要（2）
研削物の形状によって、さまざまな研削盤がある

　それでは、一般によく使われている円筒研削盤（センタレス研削盤も含む）、内面研削盤、平面研削盤の3つを中心に述べていきます（**図表4-3-2-1、図表4-3-2-2**）。

①円筒研削盤
　円筒研削盤は円筒状の外周を研削する機械で、大きくトラバースカットとプランジカットに分けることができます。トラバースカットは、シャフトなどの円筒形状の軸方向に平行して砥石を移動させる方法です。これに対してプランジカットは、軸方向に垂直に加工物（ワーク）に押し当てることによって、研削していく方法です。

　また、シャフトの研削という点では、よく使われるのがセンタレス研削盤です。センタレス研削盤は、円筒研削盤のように軸の中心をもとに回転させて砥石を当てていくのではなく、外周を回転力によって回し、研削していく方法です。一般には、モーターやプリンタなどの、直径の小さい長尺シャフト類によく用いられています。

②内面研削盤
　内面研削盤は円筒状の内径側を研削する機械で、大きくトラバースカットとプランジカットに分けて考えることができます。トラバースカット及びプランジカットの考え方は円筒研削盤と同様で、違いは、円筒形状の内径側を研削することです。

③平面研削盤
　平面研削盤は板物形状や角物形状の研削を行う機械で、研削する部位をもとに、平面研削、側面研削、溝研削などがあります。平面研削は、金型や治工具、設備機械などの部品の仕上げ加工に多く用いられています。

　研削加工は、センタレス研削を除いて大量生産に用いることは少なく、少量生産に用いられることがほとんどです。
　ただ、近年は、標準金型や6F材の普及によって、研削加工の代替になっている部分もあります。

● 図表 4-3-2-1　代表的な研削盤とその詳細工程 ●

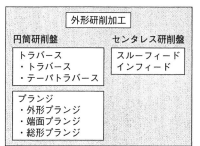
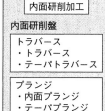

外形研削加工
- 円筒研削盤
  - トラバース
    - ・トラバース
    - ・テーパトラバース
  - プランジ
    - ・外形プランジ
    - ・端面プランジ
    - ・総形プランジ
- センタレス研削盤
  - スルーフィード
  - インフィード

内面研削加工
- 内面研削盤
  - トラバース
    - ・トラバース
    - ・テーパトラバース
  - プランジ
    - ・内面プランジ
    - ・テーパプランジ

平面研削加工
- 平面研削盤
  - 平面研削
  - 溝研削
  - 側面研削
  - 二面研削
  - 歯形研削

● 図表 4-3-2-2　主な研削盤の仕様と特徴 ●

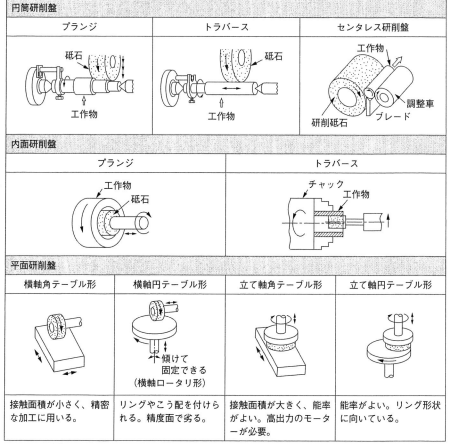

※　平面研削盤といっても上記のような種類がある

4-3-3 円筒研削盤の詳細工程と加工コストを求める

トラバースカットの機械時間を求める

　円筒研削盤は、大別するとトラバースカットとプランジカットがあることを述べました。ここでは、その中のトラバースカットについて、事例をもとに計算してみます。

　研削加工は、切削加工の二次工程で用いられることを述べました。したがって、研削加工のための取り代（研削代）を設定し、その研磨代を取り除くことです。

　本来は、旋盤加工で研削代を考慮した図面を作成し、研削工程で仕上げ寸法の図面を用いることになるのですが、近年工程ごとの図面を製作しているケースは少ないようです。

　図表 4-3-3-1 のようなシャフトの図面があります。そして、研削前の旋盤加工での完成図面が、**図表 4-3-3-2** です。研削作業は、外周 φ94 mm を 0.1 mm、長さ 400 mm を削ることになります（研削代）。そのときの表面粗さは、3.2 S ということです。

　次に、研削条件を**図表 4-3-3-3** に示します。

> 切込み回数 =（研削代÷1回当たりの切込み量）+ スパークアウト回数
>
> 正味機械時間 = $\dfrac{\text{加工長さ} + \text{砥石幅}}{1\text{分当たり送り量}} \times \text{切込み回数}$
>
> 機械時間 = 正味機械時間 + 計測時間 + ドレッシング時間
>
> (0.1 mm ÷ 0.01 mm) + 2 回 = 12 回
>
> $\dfrac{(400\text{ mm} + 40\text{ mm})}{700\text{ mm}} \times 12\text{ 回} = 7.5\text{ 分}$
>
> 7.5 分 + 1.6 分 + 0 分 = 9.1 分
> 　　　機械時間　9.1 分

　以上のようにして機械時間を求めます。この機械時間と材料の着脱のための手扱い時間を加え、一般余裕率を加味した時間が、標準の作業時間になるわけです。

● 図表 4-3-3-1 シャフト（例）●

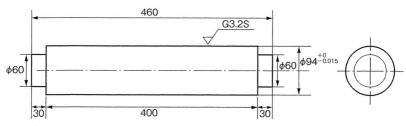

材質　S45C（生材）
生産数量　20本

● 図表 4-3-3-2 旋盤加工の図面（例）●

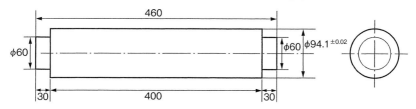

● 図表 4-3-3-3 研削条件（例）●

砥石のサイズ	直径 305 mm×幅 40 mm	
加工物速度（周速度）	20 m/分	
外径トラバースカット （表面粗さ　3.2 S）	切込み量	0.01 mm
	送り量（1分当たり）	700 mm/分 （工作物直径　80～100 mmのとき）
スパークアウト	2回	
計測時間 2箇所×2回	1.6 分	
ドレッシング	今回は含まない	

※切込み量、送り量は、材料が、生材か、焼入れ材、表面処理などによって変わる

4-3-4 平面研削盤の詳細工程と加工コストを求める

平面研削の機械時間を求める

　平面研削は、「4-3-2」で紹介しましたように、工作物（ワーク）を載せるテーブルが直線方向と回転方向に運動するタイプに分けられます。また、砥石を使う部位も2つに分けられます。ここでは、もっともよく用いられている横軸角テーブル形の場合の機械時間を求めてみます。

　図表 4-3-4-1 にプレートの図面があります。そして、研削前のフライス加工での完成図面が、図表 4-3-4-2 です。研削作業は、幅 150 mm を 0.1 mm、長さ 400 mm を削ることになります（研削代）。そのときの表面粗さは、3.2 S ということです。

　次に、研削条件を図表 4-3-4-3 に示します。ここでは、アプローチ距離を 100 mm とします。

> 1回当たり機械時間 = $\dfrac{(加工長さ＋アプローチ距離)}{(テーブル速度(m) \times 1,000)}$
>
> 面の送り回数 = 幅 ÷ 送り量
> 切込み回数 = (研削代 ÷ 1回当たりの切込み量) ＋ スパークアウト回数
> 正味機械時間 = 1回当たり機械時間 × 面の送り回数 × 切込み回数
>
> 正味機械時間 ＋ 計測時間 ＋ ドレッシング時間 = 機械時間

1回当たり機械時間 = (400 mm ＋ 100 mm) ÷ (10 m × 1,000)
　　　　　　　　 = 0.05 分

面の送り回数 = 150 mm ÷ 20 mm ≒ 8 回
切込み回数 = (0.1 mm ÷ 0.01 mm) ＋ 2 回 = 12 回
正味機械時間 = 0.05 分 × 8 回 × 12 回 = 4.8 分

4.8 分 ＋ 2.4 分 ＋ 0 分 = 7.2 分

　　　機械時間　7.2 分

　以上のようにして機械時間を求めます。この機械時間と材料の着脱のための手扱い時間を加え、一般余裕率を加味した時間が、標準の作業時間になるわけです。

● 図表 4-3-4-1　プレートの図面（例）●

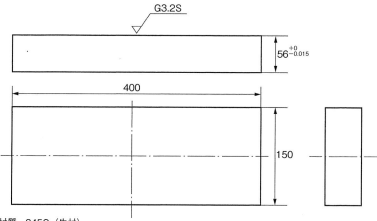

材質　S45C（生材）
生産数量　20本

● 図表 4-3-4-2　フライス加工の図面（例）●

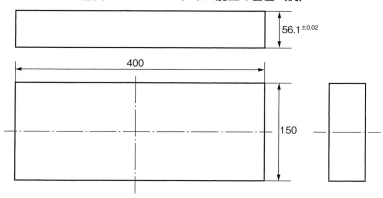

● 図表 4-3-4-3　研削条件（例）●

砥石のサイズ		直径 305 mm×幅 40 mm	
平面研削 （表面粗さ　3.2 S）	テーブル研削	10 m/分	
	切込み量	0.01 mm	
	送り量（1 分当たり）	20 mm/回	
スパークアウト		2 回	
計測時間　4 箇所×2 回		2.4 分	
ドレッシング		今回は含まない	

※切込み量、送り量は、材料が、生材か、焼入れ材、表面処理などによって変わる

ポイント1　研削作業の詳細と加工コスト

平面研削では捨て研磨が必要になる

　ここでは、平面研削盤の作業について考えます。平面研削には、片面と両面の研削があります。

　今、片面の研削作業をします。加工物（ワーク）を載せたテーブルが、回転した砥石の下を左右に移動しながら少しずつ奥に進んで行きます。そして、加工物の研削面から砥石から離れます。みなさんは、これで片面研削作業は終了と考えていないでしょうか。

　片面の平面研削作業はこれだけでしょうか。研削する面は、片面のみでは一面だけ、両面では二面と考えてしまいがちです。

　この手順は間違いがないように見えます。しかし、表面粗さと平行度を考えてください。表面粗さの程度が低い場合、それだけ余分に研削代が増えることになります。また、切削加工での平面度も研削代に影響を与えますので、考慮する必要があります。これらは、研削時間を増やすことを意味します。

　このため、まず一面について研削して、平面度を確保します。そして、対（裏面）になる面を図面に要求されている公差に仕上げます。これが、片面のみの研削作業になります。

　このように、最初に研削しておく作業を捨て研磨といいます。実際に指定のある研削面を作るために必要であり、加工時間に含まれます（**図表4-3-5-1**）。

　また、平面研削では、薄い板物の研削に注意を払う必要があります。それは、工作物をどのようにくわえるのかということです。バイスでくわえようとすれば、工作物が変形してしまう可能性があります。また、鉄系であればマグネットチャックで対応する方法も考えられます（**図表4-3-5-2**）。

　しかし、マグネットチャックでは、強引に平らな状態にしているため、切削加工などで残留応力が残っており、チャックから外すとソリやネジレがもとに戻ってしまうことがよく見られます。

　この場合、ソリやネジレを保持したまま、研削をすることになります。このため保持力が弱くなり、研削条件を落とすことが必要になります。これは、研削時間の増加を生じる要因になります。

● 図表 4-3-5-1　片面の平面研削作業の手順 ●

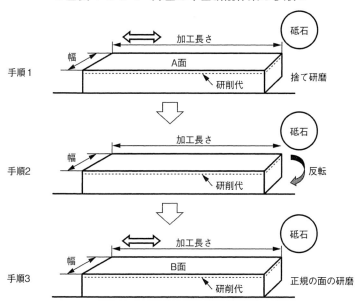

● 図表 4-3-5-2　薄物の平面研削（例）●

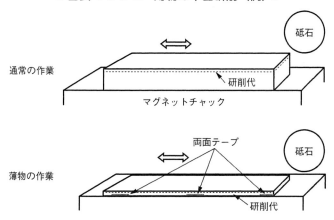

4-3-6 ポイント2　砥石と加工コスト
砥石の摩耗による修復時間を考える

　平面研削は、金型や治工具、設備機械などの部品の仕上げ加工に用いられています。そして、その寸法公差はミクロン（μ）を単位としています。

　平面研削における切込み量は、一般に3μ～10μ程度になっていることからも理解できると思います。

　これは、研削する工作物（ワーク）の表面粗さの最大値（山）と最小値（谷）の差が、大きいと研磨代が大きくなり、研削時間が増えることになります。このため、研削加工の前段階での表面粗さは、ある程度精密仕上げにしておくことです（図表4-3-6-1）。

　そしてもう一つ、研削加工の原理は、砥粒で工作物を削り取ることです。このとき、切れの悪くなった砥粒は、脱落してその下にある新しい砥粒によって切れ味を維持していくわけです。

　この砥粒の脱落は、砥石の直径寸法を小さくしていくことになりますし、砥石の平面度も悪くなってきます。つまり、切込み量が変化してしまい、ミクロン（μ）単位の寸法精度の維持が困難になってしまうわけです。

　また、工作物に砥石面が均一に当たっていくわけではありませんので、どうしても片減りすることになります（図表4-3-6-2）。このため、定期的に砥石面を削って、平面にしておくことが必要になります。この作業をドレッシングといいます。このドレッシングによって、精度の確保を図っていくことができます（図表4-3-6-3）。

　研削時間を算出するうえでは、このドレシング時間も含めていく必要があります。ドレッシングは、毎回サイクリックに発生する時間ではありませんが、必要不可欠の時間でもあるのです。

　このため、ある生産数量、あるいは研削時間に対して定期的なドレッシング作業を行い、その時間を1個当たりの研削時間に割付けることです。このように付加していくことを忘れてはなりません。

● 図表 4-3-6-1　表面粗さの状態 ●

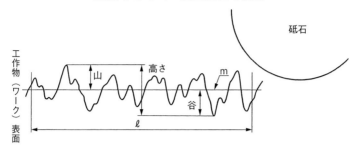

● 図表 4-3-6-2　片減りの原因 ●

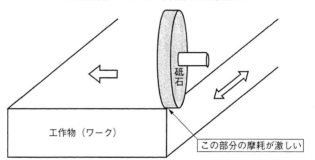

● 図表 4-3-6-3　ドレッシング作業 ●

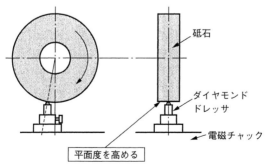

第5章　図面から読み取る加工費の求め方【プレス・板金】

5-1 プレス・板金加工の種類と概要（1）
プレス加工には金型が必要になる

　プレス・板金加工は、平たい板を切ったり、曲げたり、穴をあけたり、溶接するなどして、要求された形状の製品や部品を作ることです。

　また、プレス加工と板金加工の違いは、部品や製品を作るために専用の金型を必要とするか、汎用の工具を用いるかです。

　プレス加工では、専用の金型が必要になるため、金型費が発生します。金型費は、小さくて簡単なものでも10万円程度にはなり、複雑な形状ですと1,000万円を超えることもあります。このため、金型費は、製作する品目に加えて回収することが必要になってきます。

　また、プレス加工と板金加工は、製作する品目の生産数量面から、量産対応と少量生産対応に分けて考えることもできます。生産数量がまとまっている量産対応はプレス加工、少量生産の場合には板金加工という分類になります。

　プレス加工の詳細工程は、**図表5-1-1**に示すようにせん断加工、曲げ加工、絞り加工などに分けて考えることができます。おのおの、そのための金型が必要になります。

　プレス加工には三つの型があります。単一の金型で一つの加工を行う単発型、単一の金型の中で複数の加工を実行する順送型、基本は単一工程なのですが、加工工程が並んだ状態で人手を介することなく工程ごとに半加工品が送られ、一つの品目を作り上げるトランスファ型がそれになります。

　プレス加工における詳細工程の呼称を**図表5-1-2**に示します。一口にせん断加工といってもいろいろな形状があり、その形状に応じた呼称が複数存在しています。一般的な呼称を図の上に、別の呼び名を図の下に記しています。

　また、プレス機械については、汎用プレス、自動プレス、特殊プレス、油圧プレス、エアープレスに分類することができます（**図表5-1-3**）。

　本項では、汎用プレスを用いた単発型のプレス加工を中心に述べていきます。

― 第 5 章　図面から読み取る加工費の求め方【プレス・板金】―

● 図表 5-1-1　プレス加工の詳細工程 ●

せん断加工	①切断	②打抜き	③穴あけ
	④切込み	⑤分断	⑥縁切り
	⑦仕上げ抜き	⑧精密打抜き	⑨切り欠き
	⑩重ねせん断		
曲げ加工	①型曲げ	②カール曲げ	③ねじり
絞り加工	①絞り	②張出し絞り	
各種成形加工	①張出し成型	②曲線曲げ	③縁曲げ
	④口絞り	⑤矯正	
コイニング	①コイニング	②パンチング	③刻印

● 図表 5-1-2　プレス加工での詳細工程名称（例）●

総抜き	外形抜き	穴抜き	バーリング
外穴抜き コンパウンド	ブランキング	ピアッシング 穴あけ	
半抜き	トリミング	パーティング	穴切り欠き
ダボ出し ハーフピアス	縁切り トリム	分断	

● 図表 5-1-3　プレス機械の分類 ●

汎用プレス	単発型
	順送型
自動プレス	順送型
	トランスファ型
特殊プレス	順送型
	トランスファ型
油圧プレス	絞り加工
エアープレス	カシメ作業

5-2 プレス・板金加工の種類と概要（2）
専用金型を必要としない板金加工は小ロットに向いているか

　前の項で紹介しましたように、プレス・板金加工ではその詳細工程について、各社での呼称が異なっていることがあります。板金加工での曲げについて、その形状と呼称を紹介します（図表5-2-1）。
　ここでは、板金加工について、整理をしておきます。
　プレス加工と同じように、板金加工で用いられる機械について図表5-2-2に紹介します。
　せん断加工には、まずシャーリングがあります。シャーリングは、材料を切断するための設備機械で、単発型のプレス加工を行うときの短冊材を作成するときにも使います。
　板金加工でもっとも広く用いられる設備機械が、NCTプレスです。NCTプレスは、タレパンともいわれ、汎用のパンチを用いて、板材に丸や四角、長方形などの穴をあけることができ、直線あるいは曲線に切断をしていくこともできます。
　この他に、成形加工といって、バーリングやビード、ルーバなど特定の形状を作ることもできます。図表5-2-3にNCTプレスで製作できる形状の一部を紹介します。
　次に、レーザー加工機です。レーザー光によって、材料を切っていく方法です。レーザー加工機では、普通鋼板やステンレス鋼板、アルミ鋼板だけでなく、セラミック板やガラス板なども含め、自由な形状に切ることができます。
　そして、NCTレーザー加工機は、NCTプレスとレーザー加工機の機能を有した複合機です。単純な形状と複雑な形状が混在している品目について、作業効率を高められる機械として利用されており、かなり普及してきています。
　曲げ加工では、ベンダーあるいはプレスブレーキともいわれる設備機械があります。ベンダー加工では、板材を特定の形状に曲げることを目的にしています。その事例の一部が、図表5-2-1です。
　最後に、絞り加工に関しては、制約条件はあるのですがプレスレスフォーミングが対応しています。

● 図表 5-2-1 曲げ加工の呼称 ●

V 曲げ	W 曲げ	U 曲げ	L 曲げ
ヤゲン曲げ	W ヤゲン曲げ	箱曲げ、外曲げ	しずみ曲げ

● 図表 5-2-2 板金加工と設備機械 ●

加工機能	設備機械	具体的な内容
せん断加工	シャーリング	上下一組の直線の刃で板材を切断する機械のこと。
	NCT プレス	パンチを用いて、材料を要求された形状に打抜いていく機械のことで、以下のような形状を製作できる。①穴抜き、②直線追い抜き、③曲線追い抜き、④バーリング、⑤ランス、⑥ルーバ、⑦ビード
	レーザー加工機	材料をレーザー光で切断する。
	NCT レーザー加工機	NCT プレスとレーザー加工機を組み合わせた複合機のこと。
	プラズマ放電加工	材料をプラズマ放電で切断する。
	ガス溶断機	材料をガスで溶断する。
曲げ加工	ベンダー	プレスブレーキともいい、曲げ加工用の専用機のことで、図表 5-2-1 の形状を製作できる。
絞り加工	プレスレスフォーミング	材料をしごいて絞り形状を作る設備機械のこと。

● 図表 5-2-3 NCT プレスで作れる加工形状（一部）●

穴抜き	直線追い抜き	曲線追い抜き	大丸穴
バーリング	ランス	ビード	ルーバ

5-3 プレス・板金加工の詳細工程と加工コストを求める（1）
プレス加工では金型の費用を含める必要がある

　それでは、プレス部品のコスト見積りについて、事例をもとに考えてみます。その手順を**図表 5-3-1** に示します。

　まずは、図面や仕様書と生産数量、取り数などの生産条件をもとに工法の検討を行います。プレス加工にするのか板金加工にするのかは、生産数量が判断の基準の一つになります。

　事例として、アングルという部品を取り上げます（**図表 5-3-2**）。アングルの生産数量は、100 個/ロットで年間 1,000 個、必要総数量は 3,000 個を予定しているとします。

　工法の選択では、プレス加工をする場合と板金加工のコストを比較して、品質が確保でき、なおかつ安価な方法を選択することになります。

　プレス加工を選択した場合には、材料費と加工費に金型の費用を加える必要があります。例えば、金型の総費用が 20 万円発生するとしたならば、生産数量でこの数字を割り、アングル 1 個当たりのコストに換算して、製品コストに加えます。

　もう少し具体的に考えますと、生産数量について、一般に金型の総費用を 20 カ月や 2 年分の生産数量で割って、品目のコストに加えることになります。

　この事例では、2 年分で 2,000 個のコストをもとに判断することにします。このとき、金型費 20 万円を 2,000 個で割った金額 100 円が、プレス加工で製作したアングルという部品のコストに加味されるということです（**図表 5-3-3**）。

　プレス加工では、機械加工とは異なり、その品目のための専用金型の費用が発生します。この金型費を製品ごとに加えることが必要であり、忘れてはならないことです。

　次に、詳細工程の検討を行います。

　プレス加工といっても、一つの工程を単一の金型にする単発型、複数工程を一つの金型に収める順送型、工程ごとに半加工品が送られるトランスファ型があります。

　生産数量が 100 個ですから、この数量をもとに考えますと、単発型を用いることになります。

● 図表 5-3-1　プレス・板金加工のコスト見積りの見積フロー ●

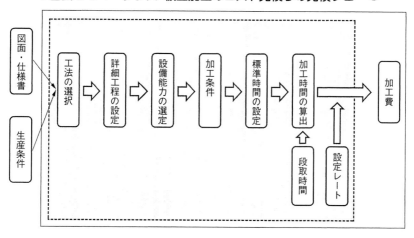

● 図表 5-3-2　アングル（事例）●

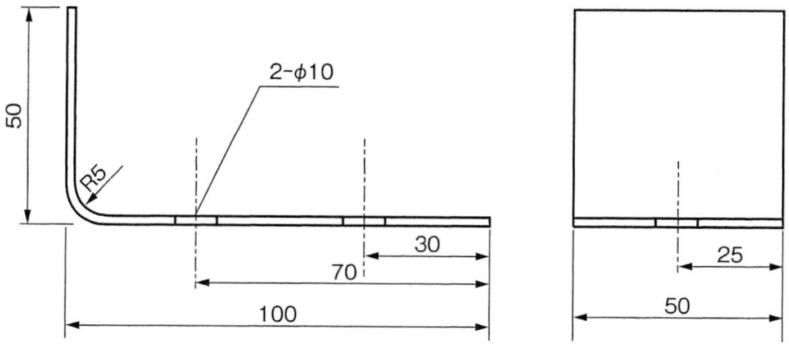

材質　SPCC　t=1.6 mm

● 図表 5-3-3　金型費の求め方 ●

$$付加加工費 = \frac{専用治工具、金型、設備機械の総費用}{その品目の設定総生産量}$$

$$100 \text{ 円/個} = \frac{200{,}000 \text{ 円}}{2{,}000 \text{ 個}}$$

5-4 プレス・板金加工の詳細工程と加工コストを求める (2)
プレスの能力はせん断抵抗、引っ張り強さで決まる

　前項のアングルの詳細工程について、さらに詳しく検討します。

　アングルの工順は、定尺材を特定の幅に切断した短冊材を用いることにします。その短冊材を用いて、総抜き加工⇒曲げ加工のステップで、部品アングルを製作することにします（**図表5-4-1**）。呼称は「5-1」、「5-2」の図表を参照してください。

　総抜き工程は、外周と2箇所の穴を抜きます。外周と穴を抜いた後の品目を一般にはブランク品といいます（**図表5-4-2**）。

　そして、次の曲げ加工では、ブランク品をL形状に曲げることにします。これで完成です。

　それでは、総抜き加工からコストを求めていきます。

　まず、プレス機械の能力設定の検討ということで、アングルの総抜き加工を実行するために必要な能力を計算します。これを抜き加工力といい、その求め方とアングルの総抜きに必要なプレス能力を示します（**図表5-4-3**）。

　次に、アングルの曲げ加工に必要な能力を計算します。これを曲げ加工力といい、ここではL曲げ形状のプレス能力を算出します（**図表5-4-4**）。

　そして、プレス機械の加工条件を確認することになります。プレス加工では、SPM（1分間あたりのストローク数）がもとになります（**図表5-4-5**）。この結果、プレスの機械時間を算出することができます。

　この機械時間と材料を金型に乗せ、完成品を取り出す手扱い時間を加え、一般余裕率を加味した時間が標準の作業時間になるわけです。

　プレス加工は、作業が定型化しているため、「1パンチ〇〇円」でも活用することができます。

　ただしプレス加工では、プレス機械の能力がコストに大きな影響を与えます。なぜならば、必要以上に能力が大きいプレス機械を使えば、設備の減価償却費が増え、レートを押し上げます。また、SPM値も低くなり、機械時間も増える方向になるからです。ここにコストダウンのポイントがあります。

● 図表 5-4-1　短冊材 ●

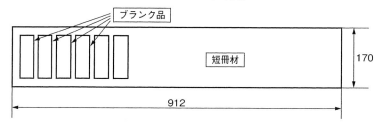

● 図表 5-4-2　ブランク品 ●

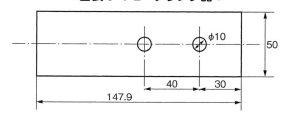

● 図表 5-4-3　抜き加工力の求め方 ●

抜き加工力＝材料のせん断抵抗値×せん断輪郭長さ×板厚×（1＋余裕率）

アングルの場合
　抜き加工力＝30 kgf/mm^2×458.5 mm×1.6 mm×（1＋25％）
　　　　　　＝27,510 kg　⇒　30 t

● 図表 5-4-4　L 曲げ加工力の求め方 ●

$$L 曲げ加工力 = \frac{余裕率}{3} \times 曲げ長さ \times 板厚 \times 引っ張り強さ$$

余裕率：1.0～2.0
アングルの場合
　L 曲げ加工力＝2÷3×（40 kgf/mm^2×50 mm×1.6 mm）
　　　　　　　＝2,133 kg　⇒　3 t

● 図表 5-4-5　機械時間の算出 ●

プレス能力別 SPM

プレス能力	SPM
10 t	35
30 t	32
60 t	25

SPM：1 分間のストローク数
機械時間の算出
　抜き加工力　　1 分÷35 回≒0.03 分　（30 t）
　L 曲げ加工力　1 分÷32 回≒0.03 分　（10 t）

5-5 プレス・板金加工の詳細工程と加工コストを求める (3)
板金加工を選ぶ基準の一つが生産数量である

前項では、プレス加工での機械時間を求めました。

本項は、前出の例について、板金加工で製作することを考えます。

通常は、新製品の開発・設計段階で試作を行います。このときは少量のみ製作することになりますから、このようなケースを考えると分かりやすいかもしれません。

それでは、板金加工での製作を考えていきます。20個製作するものとします。

まず、工法の選択をします。アングルの製作は、プレス加工の場合と同様に、ブランク品を作成し、その後曲げ加工を行い、完成品にします。

ブランク品の製作は、レーザー加工機、あるいはNCTプレスを用いることが考えられます。次にベンダー加工を用いて、ブランク品を曲げることで完成させることにします。

ここでは、ブランク品の作成にレーザー加工機を用いることにします。

次に、設備の能力について考えます。

材料について、再度確認します。材質はSPCCで、板厚が1.6 mm、ブランク品の大きさが、おおよそ50 mm×150 mmです。

レーザー加工機は、低出力の1.3 kWタイプでも製作可能ですが、一般に多くの企業に導入されている2 kW以上の出力でよいでしょう。ベンダーについても、プレス能力でも算出した結果が示すように数tで十分ですが、多くの企業で使われている35tの能力にします（**図表5-5-1**）。そして、加工条件については、**図表5-5-2**に示します。

以上から、板金加工での機械時間を算出することができます（**図表5-5-3**）。

この機械時間と材料を金型に乗せ、完成品を取り出す手扱い時間を加え、一般余裕率を加味した時間が、標準の作業時間になるわけです。

板金加工では、材料を機械に乗せる、完成品を取り出すなどの手扱い時間が加工時間の大きな割合を占めます。したがって、手扱い時間を整備しておくことが大切です。

● 図表 5-5-1　アングルの見積りフロー ●

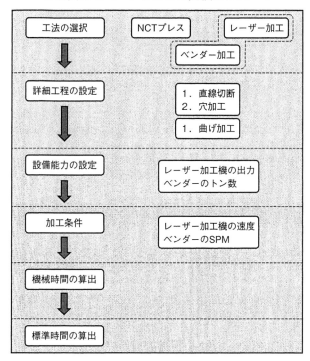

● 図表 5-5-2　加工条件 ●

レーザー加工機 2 kW

	切断速度
粗い直線	2,500 mm/分
精密直線	2,000 mm/分
ピアッシング	0.025 分

ピアスは切断するためにあける穴のこと

ベンダー　35 t

SPM	45 回/分

● 図表 5-5-3　機械時間の求め方 ●

① レーザー加工機

切断の機械時間
　直線　切断長さ÷1 分間の切断長さ
　穴　　切断長さ÷1 分間の切断長さ＋ピアス時間

1. 直線　147.9 mm÷2,000 mm/分×2 箇所＝0.15 分
　　　　50 mm÷2,000 mm/分×2 箇所＝0.05 分
2. 穴　　ピアス　0.025 分×2 箇所＝0.05 分
　　　　穴　　（31.4 mm＋3 mm）÷2,000 mm/分×2 箇所
　　　　　　　＝0.03 分

　0.15 分＋0.05 分＋0.05 分＋0.03 分＝0.28 分
　　　　　　機械時間　0.28 分

② ベンダー
　1 分÷35 回＝0.03 分

5-6　ポイント1　プレス・板金での穴加工と加工コスト
プレス加工では穴の位置に注意を払う必要がある

　プレス加工では、専用の金型を用います。このため、プレス用の金型について、基本的なことを知っておく必要があります。なぜなら、製作する品目の品質に影響するだけではなく、金型の寿命やメンテナンス費用に影響を与えるからです。

　まず、穴加工から考えてみましょう。穴加工は、**図表 5-6-1** のように材料をパンチとダイの間に挟んで、パンチを押し付けて切断していくことです。このときに注意すべきことを掲げます。

①プレス加工では、「打抜きの最小穴径」は、いくつまで可能か

　もし、最小穴径よりも小さい穴の場合、プレス加工とは別にドリルで穴をあけなければなりません。それは、工程の追加であり、コストアップになってしまいます。

　この関係は、一般に板厚との関係で表現できます（**図表 5-6-2**）。

②丸穴の加工精度はいくつまで可能か

　図表 5-6-3 に示す公差よりも厳しい公差になった場合、リーマ加工で公差の維持を図ることになります。その結果、リーマ加工の工程を追加することになります。工程の追加は、コストアップ要因になります。

③長丸穴の加工精度はいくつまで可能か

　図表 5-6-4 に示す公差よりも厳しい公差になった場合、丸穴加工と同様に切削加工で対応することになります。その結果、切削加工の工程を追加する分、コストアップ要因になります。

④打抜きの角とすみ角にRを設けているか

　図表 5-6-5 に示す角の部分にRを設けているでしょうか。パンチやダイの角部がエッジになっている場合、角部に加わる圧力は、摩耗や欠けの原因になります。これは、金型のメンテナンスやパンチの交換を増やすことになり、その費用を含んだ品目コストになります。

　このため、R部を設けておくとこの対策になります。一般的には、SPCCで0.5 t〜1 t、SUSでは1 t以上を設けておくとよいでしょう。

● 図表 5-6-1　穴抜きの最小穴径 ●

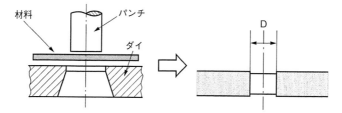

● 図表 5-6-2　材質と最小穴径（例）●

材　質	φD （1≦D）
SPCC	D≧t
SUS	D≧1.3 t
C2801P	D≧1.0 t
A5052P	D≧0.7 t

D：穴径　t：板厚

● 図表 5-6-3　丸穴の加工精度（例）●

材　質	10≦φD	10<φD≦18	18<φD
SPCC	9 級	9 級	8 級
SK	10 級	9 級	9 級
SUS	10 級	9 級	9 級
C2801P	9 級	9 級	8 級

D：穴径　t：板厚

● 図表 5-6-4　長丸穴の加工精度（例）●

材　質	3<φD≦10	10<φD
SPCC	10 級	9 級
SK	10 級	10 級
SUS	10 級	10 級
C2801P	10 級	9 級

D：穴径　t：板厚

● 図表 5-6-5　角部の形状 ●

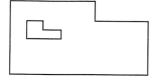 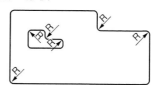

5-7 ポイント2　プレス・板金での抜き加工と加工コスト
抜き加工は形状相互の距離を考える必要がある

　ここでは、プレス・板金加工の両方で考慮すべき、抜き加工やせん断部分の間の距離について考えます。

　まず、抜き穴の間の距離です。

　図表5-7-1のような場合です。この場合の抜き穴間の距離が接近し過ぎると、円形ではなく、材料が引っ張られて楕円形になってしまいます。そこで、図面上の指示を確保しようとするならば、一方の穴をドリルであけることになります。つまり、一工程増やして対応せざるを得なくなります。その結果、加工コストのアップになります。このため、抜き穴の間の距離を押さえておくことが必要です。

　図表5-7-1では、抜き穴の間の距離は、2つの抜き穴の大きさの相対する比によって変化します。この点に注意をしてください。

　次に、穴と縁（エッジ）との距離について考えます。

　以前に、**図表5-7-2**のようなケースで、抜き穴が楕円形になっている製品を見たことがあります。ビス穴でしたので、ネジを取り付けますと見えないため、外観的にも問題はありませんでした。けれども、ユーザーが頻繁にビスを取り外すようなことが起きると、品質上の不安を持つこともあるのではないでしょうか。

　それでは、抜き穴と縁の間の距離を示します。抜き穴と縁の距離が図表5-7-2に示すよりも小さい場合、ドリルであけることになります。やはり、一工程増やして対応せざるを得なくなり、加工コストがアップします。

　また、長丸穴と縁との距離についても同様に考えることができます。穴と縁との距離をそのまま適用できそうなのですが、**図表5-7-3**に示すように若干の違いがあります。

　最後に、抜き加工の寸法精度について、**図表5-7-4**のa、b、cを整理しておくことも必要です。これらもコストに影響を与える要因です。

● 図表 5-7-1　抜き穴の間の距離（例）●

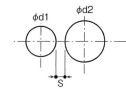

材　質	d1≦d2×2	d1＞d2×2
SPCC	S≧0.8 t（最小値 0.8 mm）	S≧1.5 t（最小値 2 mm）
SUS	S≧2 t（最小値 2 mm）	S≧2 t（最小値 2 mm）
C2801P	S≧2 t（最小値 2 mm）	S≧2 t（最小値 2 mm）

● 図表 5-7-2　丸穴と縁との間の距離（例）●

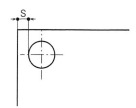

材　質	穴と縁の距離
SPCC	S≧1.5 t（最小値 2 mm）
SUS	S≧2 t（最小値 2 mm）
C2801P	S≧2 t（最小値 2 mm）

● 図表 5-7-3　長丸穴と縁との間の距離（例）●

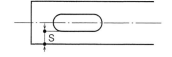

材　質	穴と縁の距離
SPCC	S≧2 t（最小値 2 mm）
SUS	S≧2 t（最小値 2 mm）
C2801P	S≧2 t（最小値 2 mm）

● 図表 5-7-4　抜きに関する寸法精度 ●

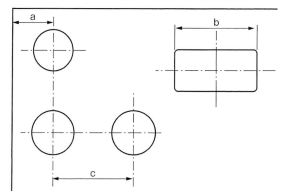

5-8　ポイント3　プレス・板金での曲げ加工と加工コスト
曲げ加工にはスプリングバックが発生する

　ここでは、曲げ加工について考えます。
　曲げ加工を考えるに当たっては、まず材料を確認しておくことが必要です。具体的には、一般材かバネ材か、そしてバネ材の場合には、その圧延の方向（材料の目）による違いです。
　その理由は、スプリングバックが発生するからです。スプリングバックとは、板材を曲げたときに元に戻ろうとする力が発生し、寸法精度を狂わせてしまう現象のことです。
　それでは、曲げ加工の形状や寸法、精度などとコストの関係について整理します。

①曲げ加工のR寸法は、いくつまで可能か
　図表5-8-1に示す曲げ加工の内側R寸法は、いくつまで小さくすることができるのでしょうか。内側R寸法は、前述した材料の種類とともに直角度の寸法精度、高さが関係してきます。

②曲げ加工による直角度はどのくらいか
　曲げ加工による直角度の精度を出すためには、スプリングバックが発生することを加味した対応を図る必要があります。ただ、そのために必要以上のコストが発生することがないようにすることが重要です。
　図表5-8-2に、曲げ角度の許容誤差を示します。

③曲げ高さはどのくらい必要になるのか
　縁から曲げる位置までの距離は、最低どれくらい必要になるかということです。これは、単に曲げてあるということではなく、寸法が維持できることが前提です。その場合の条件を図表5-8-3に示します。

④曲げ部分と抜き穴はどの程度接近してもよいのか
　曲げと抜き穴の間の距離については、バイヤーと金型メーカーの打合せで話題になることです。バイヤーがこの内容を設計者にフィードバックして、設計の見直しが起こらないようにすることです。図表5-8-4に示します。

● 図表 5-8-1　最小曲げ内側 R（例）●

一般材	SPCC C2801P	直角度の精度を出す曲げ 0≦R≦t
バネ材	SUS C5210P	圧延方向に直角の曲げの場合 0.5 t≦R≦t 圧延方向に平行の曲げの場合 1.5 t≦R≦3 t

● 図表 5-8-2　曲げ角度の許容誤差 ●

一般材	SPCC C2801P	±1°
バネ材	SUS C5210P	±5°

● 図表 5-8-3　曲げ高さ寸法 ●

直角度と寸法精度が必要な場合 H≧4t+R
直角度と寸法精度がラフな場合 （直角度 2〜3°、高さ精度±0.3 mm） 0＜R の場合　H≧2t+R

● 図表 5-8-4　抜き穴と曲げの距離 ●

穴の変形を回避できる曲げ高さ H≧4t+R
穴の変形を認めるときの曲げ高さ H≧2t+R

溶接作業の種類と概要

すみ肉溶接と突合せ溶接

　プレスや板金加工の中では、多くの場面で溶接作業が用いられています。溶接作業とは、2つ以上の部材をつなげ、一体化することです。溶接作業は、パソコンの装置、車体、工作機械、船舶、航空機など様々な製品に使われていいます。

　溶接には、用途によって様々な方法があります。その分類を、**図表 5-9-1** に示します。

　図表 5-9-2 に、溶融法を示します。溶融法とは、溶接する母材と他部品を加熱溶融させて、接合する方法のことです。

　図表 5-9-3 に、圧接法を示します。圧接法は、圧力を加えて接合する方法です。

　また、母材や他部品を溶かすことなく、溶けやすい合金の溶加材を用いて接合するろう付けという方法もあります。

　ここでは、工場でよく用いられるアーク溶接を中心に、溶融法について述べていくことにします。

　まず、溶接について、知っておくべき用語を整理しておきます。溶接には、すみ肉溶接と突合せ溶接があります。

　すみ肉溶接とは、図表 5-9-2 に示すように直角に交わる 2 面の角の部分を溶接することで、三角形の断面を持っています。そして、三角形の高さ及び底辺の寸法を脚長と呼びます。図面上に示されている指示が、この脚長のことです。

　突合せ溶接は、**図表 5-9-4** に示すように、材料を水平に突き合せた部分を溶接することです。突合せ溶接では、溶接する材料の間にスキマを持たせることがあります。このスキマのことをルート間隔といいます。

　薄い板を溶接するときにはルート間隔は 0 ですが、厚い板の場合、表面だけ溶融することなく、厚さ全体を溶融させるために突合せの面に傾斜を作る事を開先加工といいます。この開先加工には、スキマをあけることによってしっかりと溶接できるようにするためのものです。

● 図表 5-9-1 溶接法の種類 ●

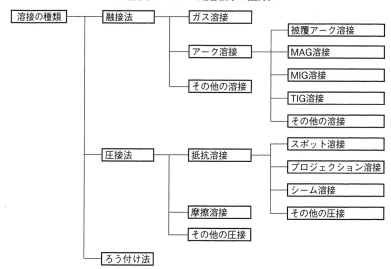

● 図表 5-9-2 溶融法（すみ肉溶接）●

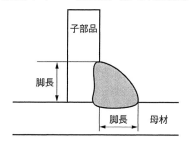

● 図表 5-9-3 圧接法 ●

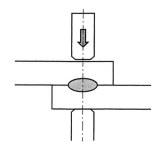

● 図表 5-9-4 突合せ溶接 ●

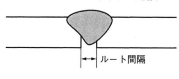

5-10 溶接作業の詳細工程と加工コストを求める

溶接には仮付け・本付けの手順がある

　それでは、溶接作業の時間を求めてみます。

　溶接作業に関しては、自動溶接機よりも半自動溶接機の方が普及しています。このため、作業者が半自動溶接機を用いて、実際に溶接作業を行うために必要な時間を対象にします。

　図表 5-10-1 に示すように、長さ 400 mm（全溶接）を脚長 4 mm で溶接することにします。

　図表 5-10-2 に溶接条件を示します。

　溶接の手順は、材料を垂直に交差させるようにセットした後、両端と中央の 3 箇所について、仮付け溶接を行います。その後、全長の 400 mm を溶接します。

　まず、仮付け溶接の時間から算出します。

　次に、本付け溶接の時間を求め、その合計値が、溶接時間になります。

　ここで注意すべきことは、この溶接時間が、溶接トーチからアーク（火花）が出ている時間だけを求めたものであることです（**図表 5-10-3**）。アークを出さずに仮付け溶接の箇所まで移動する時間や、母材及び子部品を倒れたりしないようにセットする時間にも考慮が必要になります。

　また、溶接作業では、今回の場合でも同様ですが、手順通りに作業できるとは限りません。3 箇所の仮付け溶接も、左から右へという単純な順番ではありません。溶接による加熱でひずみやねじれが発生するためです。この点は、経験による部分が大きく、簡単に加味できるものではないことを理解しておいてください。

　さらに溶接作業では、溶加材（溶接棒）の費用を加えることを忘れてはなりません。

　コスト見積りでは、溶接棒を間接材料費として、レートの中に含んでください。このため、1 分間当たりどのくらいの材料が費やされるのかを整理しておく必要があります。

● 図表 5-10-1　ガイド（例）●

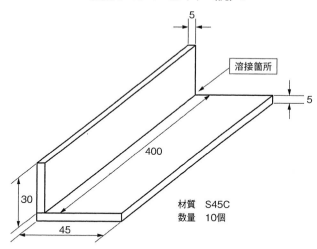

材質　S45C
数量　10個

● 図表 5-10-2　CO2 溶接条件 ●
（アーク溶接）

溶接速度（t=5 mm）	400 mm/分
脚長	4 mm
仮付け箇所数	3箇所
仮付け長さ	30 mm

● 図表 5-10-3　溶接時間の算出 ●

仮付け
　30 mm÷400 mm/分×3箇所＝0.225 分
本付け
　400 mm÷400 mm/分＝1 分
　0.225 分＋1 分＝1.225 分　⇒　1.23 分
正味の溶接時間　1.23 分

溶接作業の手順と加工コスト
溶接作業の特性を知ることが大切

　溶接作業の時間を求めるうえで、仮付け溶接と本付け溶接について前項で述べました。**図表 5-11-1** に仮付け溶接の状態を示します。

　なぜ、仮付け溶接が必要になるのかを考えますと、**図表 5-11-2** のように溶接部と溶融部、その外側に加熱によって溶接影響部が発生し、変形が起こるからです。

　では、もし、仮付け溶接なしに本付け溶接を行うとどのようになるのでしょうか。加熱の影響で、材料が予測できない方向に変形してしまうことになります。そして、曲がりが発生したときにその修正を行おうとすれば、熱を加えて修正することになります。この結果、変形を修正するためのコストが発生することになります（**図表 5-11-3**）。

　また、熱を加えても、寸法の確保が困難になることがあります。つまり、最初から本付け溶接を進めてしまうと、修正は難しいということなのです。このため、仮付け溶接が重要になってきます。

　特に、仮付け溶接の順序は、熱による変形を最小限に抑えるために、単純に進められるものではありません。溶接作業者の経験が、溶接時間を左右することもあります。

　このことは、仮付け溶接の準備段階である母材と子部品の固定方法についても同様のことが言えます。加熱によって材料が曲がってしまわないように、しっかりと固定できることが重要です。

　このため、溶接作業のための手扱い時間（セット時間）が大切になりますし、コストに影響を与える要因になるのです。

　そしてもう一つ、脚長の設定があります。

　脚長は、溶加材の溶け込みの程度です。薄板の材料では脚長を設定する必要はありませんが、厚板の材料では脚長を設定しておくことが必要です。

　そして、その脚長の値は溶け込み不良とも関係しますので、注意をする必要があります（**図表 5-11-4**）。

● 図表 5-11-1　仮付け溶接 ●

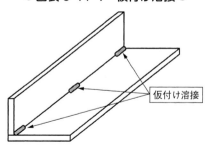

● 図表 5-11-2　溶接部の構成 ●

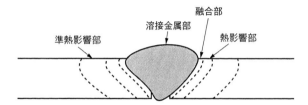

● 図表 5-11-3　本付け溶接（仮付け溶接なし）●

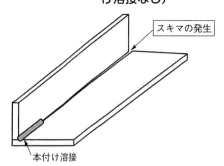

● 図表 5-11-4　脚長と強度について ●

脚長は、不適切だと溶け込み、外れてしまうことがある。

第6章 図面から読み取る加工費の求め方【射出成形（プラスチック）】

射出成形の種類と概要
樹脂成形といっても様々な種類がある

　プラスチックは、軽量・安価であること、切削加工ではなかなか作りにくい形状を製作することができるなどのメリットがあります。また、大量生産において、価格面での大きなメリットを持っています。

　これは、自動車を例に見ますと、バンパーをはじめとする多くの金属部品が、プラスチックの部品へと置き換わってきました。この結果、自動車の軽量化を図ることができ、部品コストを引き下げ、燃費を中心に性能アップを実現してきました。

　それでは、プラスチックについて考えていきます。

　プラスチックは、「熱硬化性樹脂」と「熱可塑性樹脂」に大別できます。

　熱硬化性樹脂は、一度加熱し、溶融して形づくることができます。しかし、再度溶融することができない樹脂のことです。

　これに対して、熱可塑性樹脂は、加熱すると軟化し、冷えると硬化する樹脂で、再度軟化させて形づくることができます。つまり、熱可塑性樹脂は、再利用可能な樹脂なのです。

　代表的な樹脂（例）を**図表6-1-1**に示します。本書では、熱硬化性の樹脂について述べていきます。

　プラスチック成形品の大半は、射出成形で作られています。このため、射出成形の原理について整理をしておきます（**図表6-1-2**）。

　射出成形は、プラスチック材料をホッパーに投入し、シリンダ内で加熱・軟化します。金型を閉じます。次に、材料をノズルを通して閉じた金型の中に注入します。注入した後、その圧力の状態を維持します。維持している間に金型を冷却します。冷却した後、金型を開いて、成形品を取り出します。

　これが、成形品ができるまでの1つのサイクルで、その時間がサイクルタイムです。このサイクルは、1ショットともいいます（**図表6-1-3**）。

　コスト見積りでは、このサイクルタイムが必要になってきます。

図表 6-1-1　プラスチック材料の種類（例）

熱可塑性樹脂		熱硬化性樹脂	
PA	ポリアミド（ナイロン）	PF	フェノール樹脂
POM	ポリアセタール	UF	ユリア樹脂
PE	ポリエチレン	MF	メラミン樹脂
PP	ポリプロピレン	EP	エポキシ樹脂
PET	ポリエチレンテレフタレート	UP	ポリエステル
PBT	ポリブチレンテレフタレート	SI	シリコン樹脂
PPO	ポリフェニレンオキサイド	PUR	ポリウレタン
PPE	ポリフェニレンサルファイド		
PMMA	メタクリル樹脂（アクリル）		
PS	ポリスチレン		
AS	AS樹脂		
ABS	ABS樹脂		
PC	ポリカーボネート		
PCV	ポリ塩化ビニル		
PPE	ポリフェニレンエーテル		

図表 6-1-2　射出成形の原理

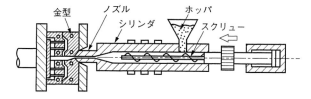

図表 6-1-3　成形機のサイクルタイム（1ショット）

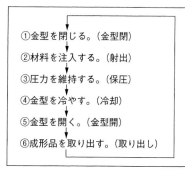

①金型を閉じる。（金型閉）
②材料を注入する。（射出）
③圧力を維持する。（保圧）
④金型を冷やす。（冷却）
⑤金型を開く。（金型開）
⑥成形品を取り出す。（取り出し）

樹脂材料の選択基準を考える

プラスチック材料の特性と用途をまとめる

　射出成形では、まず材料選定が重要になります。なぜ、その材料を用いるのかを明確にしておくことです。

　もし、適切なプラスチック材料を選択できなかった場合、部品の設計費や金型の開発費、金型の製作費、テスト費など投入した多くの金額が無駄になり、新たにプラスチック部品の材料の選定を始めなければなりません。このため、しっかりと選定基準を持って選ぶことです。

　とくに、プラスチック材料の選定では、材料に要求される品質を整理しておくことが大切です。また、要求される品質は、使用するための条件であるともいえます。

　そして、この条件には、**図表 6-2-1** に示すように環境や温度、荷重などについて、具体的な項目を考えておくことが必要です。

　使用の具体的な条件は、項目と数値に置き換える必要があります。これが、代用特性です。

　この代用特性によって、要求される品質を満たせるかどうかを評価することになります。例を**図表 6-2-2** に示します。

　また、社内を中心に競合他社を含めて、使用されている材料を用途別に実績データにまとめておくことも有効な方法です。

　その例を**図表 6-2-3** に示します。

● **図表 6-2-1　プラスチック材料選定のための条件整理** ●

	使 用 条 件	備　　考
環　境		屋外か、光の当たり方、周囲、触れるか、油など
温　度		最高－最低、常用温度、ヒートシンク
荷　重		最大、常用荷重、繰返し度、持続性、静・動荷重
その他		

● 図表 6-2-2　樹脂選定のためのチェック項目とウエイト付け ●

分　類	項　目	記　入	ウエイト
機械的な条件	剛性		
	耐摩耗性		
	耐衝撃性		
	摺動特性		
	その他		
電気的な条件	電気的特性		
	電気絶縁性		
	帯電性		
	耐電圧		
	その他		
熱的な条件	耐熱性		
	耐熱水性		
	その他		
化学的な条件	耐アルカリ性		
	耐油性		
	耐薬品性		
	耐水性		
	その他		
光学的な条件	耐候性		
	腐食		
寸法精度	精度		
	寸法安定性		
	膨張率		
	その他		
外観	透明度		
	光沢		
	着色性		
価格	高低		
その他	食品衛生性		
	非接着		

● 図表 6-2-3　樹脂を使用している用途別の実績と特徴、特性（例）●

樹脂名	特徴		燃焼性	用途	収縮率	引張り強さ	熱膨張係数	熱変形温度	比重
	長所	欠点							
PAポリアミド（ナイロン）アミド結合	1. 強靭で耐衝撃性に優れる 2. 摩擦係数が小さく、自己潤滑性がある 3. 耐摩耗性が特に優れる 4. 耐熱性、耐寒性に優れる 5. 耐薬品性、耐溶剤性、耐油性が良い	1. 吸水性が大きく、寸法安定性に劣る 2. 電気的性質に劣る 3. 強酸には弱い	自消性	歯車、軸受け、プーリー、カム類コネクタ、コイルボビン、スイッチ	0.5~1.5	500~844	8~15	62~105	1.12~1.15
POMポリアセタール	1. 強靭で弾性がある 2. 引張り、曲げ、圧縮強さは熱可塑性樹脂の最高水準にある 3. 摩擦係数が小さく、自己潤滑性がある 4. 耐疲労性は熱可塑性樹脂の中で最高 5. 耐摩耗性が優れている 6. 耐クリープ性に優れ、繰返し加重に耐える 7. 耐熱性に優れる 8. 耐薬品性、耐溶剤性に優れる	1. 耐候性に劣る 2. 熱分解するとホルマリン臭を発生する 3. 強酸には弱い	燃える	歯車、軸受け、コロ、制御環、変倍ブーリ	2.0~2.5	620~840	8~13	110~124	1.14~1.43

― 第6章　図面から読み取る加工費の求め方【射出成形（プラスチック）】 ―

> **Column** ここにもコストを見極めるポイントがある
>
> 　ボールペンで思い出すことがあります。最近のボールペンやシャーペンは、グリップの部分に柔らかいゴムの部分が付いています。
> 　今でこそ一般的なものになってきたこのグリップ部分のゴム（ゴム・グリップ）が、商品化されて間もないころの話です。
> 　ボールペンの本体とゴム・グリップを製造している会社に伺ったときのことです。
>
>
>
> ゴム・グリップ
>
> 　国内の工場では、二色成形機を使用して生産していました。
> 　二色成形機は、ダブルモールドともいわれ、1台の成形機で2種類の成形品を製作することができます。通常は、異なったプラスチック材料を2工程に分けて成形します。
> 　具体的には、1工程目で本体を成形し、2工程目でグリップ部分を成形します。取り数は16本だったと思います。
> 　ところが、中国工場では、一般の射出成形機を用いていました。
> 　その作業は、2台の成形機を用い、1台目の成形機で本体を製作し、2台目の機械でゴム・グリップを製作しています。そして、後工程で作業者が、本体にゴム・グリップを挿し込んでいました。
> 　このため、なぜ同じ方法で製作しないのかを尋ねました。
> 　その回答は、コストです。国内では、作業者が成形機を巡回し、検査をしていました。これに対して、中国工場では、本体にゴム・グリップを挿し込む作業者の工賃を含めても、国内よりも安価で製作できるとの判断からです。
> 　コストの中で一番ウエイトを占める作業者の費用（労務費）ですが、生産地域によって、変化することがあります。

6-3 射出成形の加工コストを求める（1）
射出成形の見積りでは成形機の能力を決めることが大切①

　射出成形でのコスト見積りは、機械加工品や板金加工品と異なり、生産条件の中に取り数の設定が含まれます（**図表 6-3-1**）。

　取り数は、成形機が1サイクル（1ショットともいう）稼働したときに出来上がる数量のことで、生産数量をもとに決めることになります。

　そして、コスト見積りでは、まず取り数を含めた生産条件をもとに、必要な成形機の能力を選定することになってきます。

　必要以上に大きな能力の成形械を選定すれば、金型費とレートが高くなってしまいます。このため、必要最小限で成形を行える能力を持つ機械を選ぶことが大切です。

　それでは、成形機の能力は何を基準に選定するのでしょうか。

　成形機の能力の一つは、取付けられる金型の大きさがあります。このほかにプラスチック材料の特性などがあり、以下のような項目によって決まってきます（**図表 6-3-2**）。

①ゲートの方式
　ゲートの方式とは、溶融したプラスチック材料を製品形状に流し込む口のことで、ダイレクトゲートやサイドゲート、ピンポイントゲートなどがあり、採用するゲートの方式によって、金型のタイプも変わることがあります。

②アンダーカットの有無と方向
　アンダーカットとは、成形品を金型から取り出そうとするときに、そのままの状態では単純に取り出すことのできない成形品の部分のことです（**図表 6-3-3**）。

　このためには、その部分のコアが移動するような構造にします。これをスライドコアといいます。

　これが、外側に移動する場合に、それだけ金型を大きくする必要があります。

③必要型締力
　溶融したプラスチック材料を注入すると、金型の内部には高い圧力が加わります。この圧力によって、金型を開こうとします。このため、開かないように締め付けておく力が必要になります。これが、金型の必要締め付け力です。

●図表6-3-1　樹脂成形品の見積りフロー●

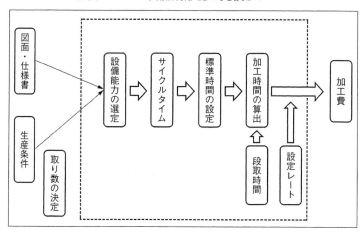

●図表6-3-2　成形機を選ぶために必要な情報●

1. 成形機の能力と金型の取付け面積
2. 成形機の射出容量
3. 成形機の型締め力
4. 成形機のDライトと製品高さ
5. 金型の構造
   ①ゲートの方式
   ②アンダーカットの有無と方向
   ③必要型締め力
   ④金型の構造（一体型、入れ子型）

●図表6-3-3　アンダーカットとは●

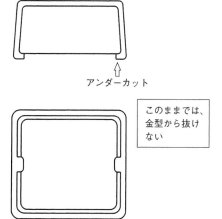

アンダーカット

このままでは、金型から抜けない

6-4 射出成形の加工コストを求める（2）
射出成形の見積りでは成形機の能力を決めることが大切②

④一体型か、入れ子構造か
　直彫りといって、キャビティやコアを直接加工して部品形状を製作できればよいのですが、金型の構造が複雑になると、分割をして、はめ込んでいくことを考えるようになります。これを入れ子構造といい、金型全体を大きくする必要があります。入れ構造になれば、金型も大きくなっていきます（**図表 6-4-1**）。

⑤成形機の能力と金型取付け面・最大部品範囲との比較
　部品の取り数とともにその配置を考える必要があります。これが、部品の範囲であり、**図表 6-4-2** に示すように金型の大きさに影響を与えます。

⑥成形機の射出容積
　1回（1ショット）に金型に充てんできる樹脂の容積が、射出容量です。製品の容積とスプール、ランナーの合計量を満たすことです。射出容量が大きすぎると、逆流も考えられます。

⑦製品高さ
　成形機のDライトは、可動盤の移動距離のことで、製品の高さが、金型を開いた時に、その距離よりも小さくなければなりません（**図表 6-4-3**）。
　Dライト＞(金型の高さ＋製品高さ)ということです。

　成形機の能力設定には、以上のようなことを検討しておくことが必要になります。
　それから、成形機の能力と樹脂材料からサイクルタイムを求めます。
　このサイクルタイムにユトリ時間である一般余裕時間を加えます。これが、そのプラスチック成形品の標準時間になります。
　ここで注意点があります。標準時間は取り数分ですから、1個当たりに換算する必要があります。

●図表 6-4-1 直彫りと入り子構造●

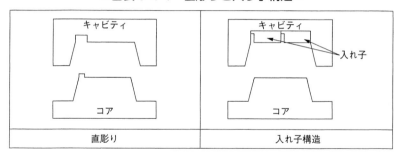

●図表 6-4-2 金型の大きさ●

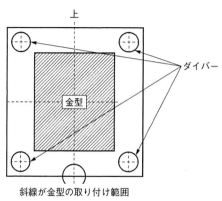

●図表 6-4-3 Dライトと製品高さの関係●

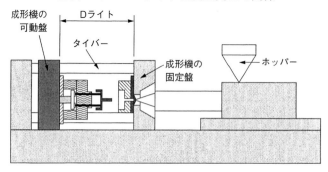

6-5 射出成形の加工コストを求める（3）
成形機の能力が加工コストに大きな影響を与える

　それでは、成形品の機械時間を算出してみます。
　図表 6-5-1 に示すキャップを見積ります。材質は ABS で、生産数量 3,000 個/月、取り数が 2 個になっています。複雑な形状ではありませんので直彫りにします。
　ゲートに関しては、サイドゲートを採用します。
　そして、保有する射出成形機について、**図表 6-5-2** に仕様をまとめました。
　まず、射出成形機の能力を検討します。
　型締め力は、金型を閉じて樹脂を流し込んだときに、その圧力によって金型が開かないように抑える力です（**図表 6-5-3**）。15 t の成形機で対応できる値になっています。
　次の射出容量は、金型に1回当たり流し込む必要な樹脂の重量を示します（図表 6-5-3）。射出容量が 16 g ですので、15 t の成形機でも大きな容量の機種でないと対応できないことが分かります。
　最後に、成形機の金型取付け面積に対する金型寸法の比較を行います。金型の必要寸法を図表 6-5-3 の③に示します。この結果、図表 6-5-2 のダイバー間隔の範囲内に収まることが分かります。
　これらの確認の結果、射出成型機の能力が決まります。この例では、15 t の成形機では、能力的に少し厳しいかもしれません。
　設定した能力の成形機でのサイクルタイムを求めることになります。このサイクルタイムは、成形条件や成形品の平均肉厚、形状でバラツキがあります。
　以下に、サイクルタイムを示します。

設備能力	15 t	30 t
サイクルタイム	0.53 分	0.55 分

※アンダーカットによるスライドコアの時間も含む。
　また、成形品の取り出しは、自動取り出し。

　このサイクルタイムに一般余裕率を加えた時間が、標準時間になり、さらに労働効率を加味した時間が、加工時間（所要時間）になります。
　最後に、加工時間(所要時間)に1個当たりの段取り時間を加えて、レートを乗じた時間が、プラスチック成形品の加工コストになります。

第6章 図面から読み取る加工費の求め方【射出成形（プラスチック）】

● 図表6-5-1 キャップの形状 ●

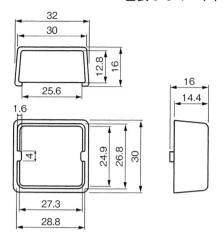

品名	キャップ
材質	ABS
比重	1.05
生産数量	3,000個/月
取り数	2個
ゲート方式	サイドゲート
素材重量	5g
平均肉厚	1.6 mm
ABS型内圧力	420 kgf/cm²
アンダーカット	あり

● 図表6-5-2 射出成形機の仕様 ●

設備能力	15 t	30 t	50 t
最大型締め力	147 kN	294 kN	490 kN
射出容量	8～18 cm³	13～35 cm³	23～57 cm³
ダイバー間隔	260 mm×260 mm	310 mm×310 mm	360 mm×360 mm
Dライト	420 mm（169 mm）	535 mm（230 mm）	610 mm（250 mm）

()内は、型開閉ストローク。

● 図表6-5-3 成形機に必要な能力の算出 ●

① 必要型締め力

型締め力＝金型内平均圧力×成形品投影面積×余裕率÷1000

型締め力　420 kgf/cm²×(19.2+2.4)×1.25÷1000
　　　　　＝11.34 t

② 必要射出容量

成形品の容量＝(製品重量＋スプルー、ランナーの重量)
射出容量＝成形品容量(ショット容量)×余裕率

成形品の容量　13 g＝5 g×2個＋3 g
射出容量　　　13×1.25＝16.3 g

③ 金型の必要寸法

130 mm
30 mm
52 mm
ランナー
スプール
104 mm　204
製品長さ
32 mm

ゲートの種類と加工コスト

ゲートの種類は金型の大きさに影響を与え加工コストが反映される

前項では、射出成形の加工コストのための機械時間の算出を行いました。

射出成形の場合、型締め力や投影面積、金型の大きさが成形機の能力を決め、レートが決まります。

そして、サイクルタイムは、材料の種類と成形機の能力によって大まかに決まります。つまり、金型の大きさを見極めることが、コストダウンのポイントになるわけです。

ここでは、金型の大きさに影響を与えるゲートについて考えます。

ゲートは、プラスチック材料を金型の内部に流し込む方法を示したものです。ゲートには、ダイレクトゲートやサイドゲート、ピンポイントゲートなどがあり、**図表 6-6-1** に代表的な方式とその特徴を述べておきます。

これらのゲートの中では、サイドゲートとピンポイントゲートがよく用いられます。

ここで、ゲートと金型について、少し考えてみます。

図表 6-6-2 に代表的なツープレートの金型を示します。成形品とスプール及びランナーなどが一緒に取り出せて、金型の開く箇所がパーティングライン1箇所であるタイプの金型をツープレートといいます。

金型は、プラスチック材料をスプール⇒ランナー⇒ゲートを経由して、キャビティとコアの間に流し込んで、成形品を作ります。

この事例では、サイドゲートを用いております。

これに対して、**図表 6-6-3** に示すようにスプール板が加わり、パーティングラインとスプールの2箇所が開くスリープレートの金型があります。

ツープレートではサイドゲート、スリープレートではピンポイントゲートが用いられます。そして、スリープレートの場合には、金型費がアップします。

また、成形機をもとに製品の容積を考えますと、スリープレートの方が少なくなります。

図表 6-6-1 ゲートの種類と特徴

ゲートの種類	略図	ゲート処理の有無	特徴
サイドゲート	PL	有	・最も用いられる方式。 ・多数個取りに対応。 ・ゲートの後処理が必要。
ピンポイントゲート	ピンポイントゲート	無	・ゲートの後処理が不要。 ・多数個取りに対応。 ・無人化に有利。 ・割れやすい材料には向かない（例. PMMA）。
ダイレクトゲート	スプルー ダイレクトゲート 成形品	有	・大きくて深い成形品に向く。 ・1個取りに限定される。
サブマリンゲート	ランナー PL	無	・側面のゲート後が可なら、後処理がいらない。 ・割れやすい材料には向かない（例. PMMA）。
ジャンプゲート	PL	有	・側面のゲート後が不可のものと用いる。

図表 6-6-2 金型と構想

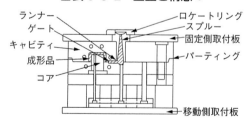

図表 6-6-3 ツープレートとスリープレート

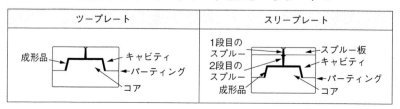

モールド品の肉厚と加工コスト
樹脂の材料は収縮率によって変形やヒケやが起こる

　射出成形は、転写の技術です。
　プラスチック材料の場合は、熱して溶かし、金型に流し込み、冷やして固めるため、金型の寸法に合わせて写し取ることです。
　しかし、プラスチック材料は、冷却すると縮みます。これが、収縮率です。
　つまり、転写といっても、寸法は、金型寸法よりも小さくなってしまうことになるわけです。
　そして、この収縮率は、成形品の肉厚の変化に対して、要求する形状を作れなくすることがあります。**図表 6-7-1** のようなケースです。
　ヒケは、成形品が細長い板状や肉厚の変化が激しい場合など、溶融した樹脂が流れ込みにくい部分や肉厚が他の部分と比較して厚くなっている部分などで発生します。
　このため、成形品の肉厚は、できるだけ一定になるように設計することが肝心です。**図表 6-7-2** に材料別の平均肉厚の参考値を示します。
　また、金型から成形品を取り出すうえでは、型離れをよくするために、成形品に抜き勾配をつけます（**図表 6-7-3**）。
　このような射出成形による成形品の設計段階で注意すべき項目の例を紹介します（**図表 6-7-4**）。
　成形品は、金型を製作した後では、修正できることは限られてしまいます。このため、金型を製作する前の段階で、金型設計者としっかりと打合せておくことが大切です。
　それは、金型の製作によって、加工コストのほとんどが決定してしまうからです。

● 図表 6-7-1　肉厚の変化による問題 ●

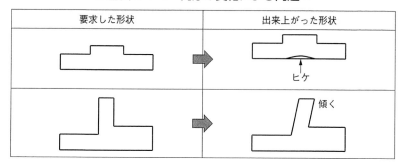

● 図表 6-7-2　材料別平均肉厚（例）●

材料	平均肉厚値
ABS	1.5〜3.0
PS	
PC	
PE	
PPO	
POM	1.0〜2.5
PP	
PPS	
PA	
PBT	

● 図表 6-7-3　成形品の抜き勾配 ●

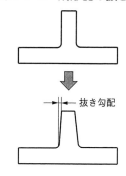

● 図表 6-7-4　成形品の設計時の注意点 ●

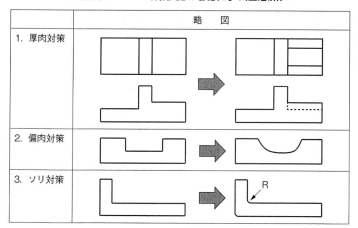

第7章　コスト見積りをコストダウンに活かす

7-1 2つの原価管理
原価管理にはコストコントロールとコストダウンがある

　前章までは、設備機械を用いたコスト見積りの中核をなす機械時間の求め方を中心に述べてきました。

　ここでは、算出した見積コストについて、その活かし方を考えていきます。

　コスト見積りの結果算出された金額を、見積コスト（あるいは見積原価）といいます。このため、原価管理とは別に扱われることが多いようです。

　しかし、製造企業の経営活動は、製品を作り、販売することによって利益を得ることです。このとき、製品の売値は、売ってから決めるのではなく、事前にコストを見積って、金額を提示するのです。つまり、最初にコスト見積りが必要になるのです。

　このコスト見積りがいい加減であると、受注できない、受注はできるのだが儲からないということが生じるわけです。

　そこで、見積コストを用いた原価管理が必要になってくるわけです。

　そして、原価管理にも、管理サイクルがあります。原価を計画する段階がコスト見積りによる見積コスト（あるいは見積原価）であり、製品を作った結果を集計した実績コスト（あるいは実績原価）があり、どれだけの利益を獲得できたのかを判断するわけです。これが、原価管理です（**図表7-1-1**）。

　また、この原価管理には、2つの側面があります。一つは、コストコントロール（原価統制）で、もう一つがコストダウン（原価低減）です。

　コストコントロール（原価統制）は、設定したコスト（コスト基準値）に対して、ある一定の許容範囲内の値に維持することを指します。そして、許容範囲から逸脱した場合、許容範囲以内に入るように修正のために処置することです（**図表7-1-2**）。

　コストダウン（原価低減）とは、設定してあるコスト（コスト基準値）を改定することです。

　設定してあるコスト（基準値）を引下げて、その値をあらたな基準値にすることを指します（**図表7-1-3**）。

● 図表 7-1-1　原価管理のサイクル ●

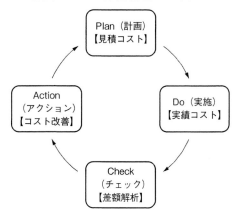

● 図表 7-1-2　コストコントロール（原価統制）●

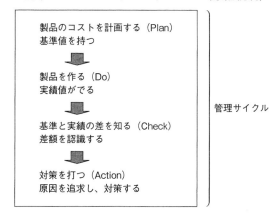

● 図表 7-1-3　コストダウン（原価低減）●

コストコントロール（原価統制）の進め方
コストコントロールは日々の生産活動をチェックすること

　コストコントロール（原価統制）は、設定したコスト（コスト基準値）に対しての結果をチェックするものです。
　このため、生産部門と購買部門が中心になって、コスト（コスト基準値）の許容範囲を維持していくことです。
　それは、生産活動と原価の定義を見れば理解できます（**図表 7-2-1**）。
　原材料や部品の入手は購買部門の役割であり、製品を作るための変換機構は、生産部門で発生した労務費や設備機械の減価償却費、動力費などだからです。
　そして、コストコントロールは、生産部門と購買部門が、日常の業務の中で対処すべき一つなのです。
　それでは、コストコントロールは、どのように進めるべきものなのかを考えます。
　前述しましたように、見積コストと実績コストを比較して、許容範囲を逸脱していないか、逸脱していれば、その原因を分析し、改善案を立案・遂行します。この活動を差額解析といいます。
　コストコントロールにおける差額解析のステップを**図表 7-2-2**に示します。
　差額解析は、計画と実績の差（差額）を認識することから始めます。この差が許容範囲を超えた場合、アクションを起こすことになります。
　詳しい差額解析の進め方は、次項を参照してください。
　改善計画は、差額を発生させた要因に対し、改善案の作成を行うことです。ここで注意すべきは、この改善案が対症療法的な改善案であってはならないことです。繰返して同じ原因の差額が発生することのないように、根本にある課題を理解し、解決できる計画案を作成していくことです。
　このため、計画と実績の差（差額）を認識するにあたっては、単に差額がいくらありますというのではなく、その内訳まで追求して、根本的な部分を把握することが求められます。

●図表 7-2-1　生産活動と原価の定義●

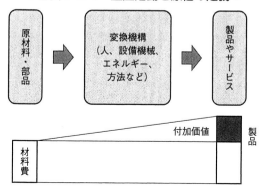

原価とは、
経営における一定の給付にかかわらせて把握された財貨または用役の消費を、
貨幣価値的にあらわしたもの。

「原価計算基準」より

●図表 7-2-2　差額解析の進め方●

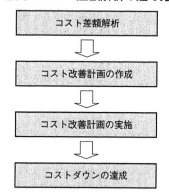

7-3 差額要因とその対策（1）
差額解析はコスト要因を分けて考えていく①

　差額解析では、差額の原因について追及していきます。そのためには、コスト要因に分けて検討することが必要です。
　まず、材料費と加工費に分けて検討します。
　そして、加工費は、加工時間と加工費率に分けて考えます。
　以下に、これらのコスト要因に分けて、さらにその内訳を比較し、差額の原因を追究するときに検討される主な項目について示します。

①材料費の差異
　材料費は、まずその求め方「計算方法」に相違がないかを確認しておくことが大切です。そのうえで、材料単価と材料使用量に分けて考えます（図表7-3-1）。
　材料単価は、調達先が違うことによって価格が異なったのか、購入量の多い少ないによって価格が異なったのか、需給動向によって変化したのかなどの原因を解析します。
　近年では、為替の変動や市場の需給動向などによって、材料価格が変動することが多くなりましたので、この点にも注意を払う必要があります。
　材料使用量では、正味所要量の計算方法の違いによって差が生じたのか、材料余裕率の基準値による違いか、材料取りの仕方による違いかなどを整理することになります。

②加工費率の差異
　次に、加工費の中の加工費率（単位時間当たりの加工費）について考えます。
　加工費率は、標準に設定した設備機械と実際に使用した設備機械の購入価格の差による違いや、標準とする作業者との違いなどが発生します。
　また、設備機械に関しては、付帯設備による生産体制の違いについても確認をしておくことが求められます。
　たとえば、マシニングセンタという設備機械には、APC装置（自動パレット交換装置）という付帯装置があります。このAPC装置を用いることで、1人の作業者が複数の設備機械を掛け持つことができます。
　この付帯設備も、加工費率の差異に大きく影響を与えるものです。

第 7 章 コスト見積りをコストダウンに活かす

● 図表 7-3-1 材料費の差額要因 ●

材料費	材料単価の違い ・調達先 ・購入する素材形態　　　・購入量 ・支払い条件　　　　　　・取得時期 ・計算の基準値の違い　　・材料管理費のとらえ方 　　　　　　　　　　　　など。
	材料使用量の違い ・正味所要量計算 ・材料余裕量の基準値の違い ・歩留まりや不良率などの基準値の違い　　など。

● 図表 7-3-2 加工費率の差の要因 ●

加工費率	設備費率の違い　　　　　・就業体制 ・設備機械　　　　　　　・稼働率　など。 ・設備の耐用年数
	労務費率の違い　　　　　・間接作業者 ・直接作業者　　　　　　・付帯人件費比率　など。 ・賃金体系
	その他の違い ・共通設備の投資状況 ・管理基準（自動化、人員数など）

差額要因とその対策（2）

差額解析はコスト要因を分けて考えていく②

③加工時間（所要時間）の差異

　加工時間は、実際に製品や部品を作るために必要になる作業時間と、作業を効率よく進めるための準備や後始末などの段取り時間に分けて考えることが必要です。

　そして、作業時間では、設備機械を使用して部品や製品を製作しているとき、設備機械の性能による差が生じます。これは、基準を設けるときに基準とする設備機械との能力差と言えます。

　また、製品を作るにあたって検討される治工具の活用も、作業時間の差となって現れます。このほかに作業方法の違い、作業条件など環境の整備によって差が発生します。

　これらは、コスト見積りの基準値をしっかりと設定しておかないと、実績値との比較が困難になりますので注意を払う必要があります。

　とくに近年の設備機械は、高速化が進み、機能の追加もされてきているため、作業条件の見直しが必要になってきました。このような技術の進展に対する情報収集にも注意を払う必要があります。

　一方の段取り時間では、内段取り作業と外段取り作業の区分がしっかりとできていることが大切です。

　内段取り作業は、設備機械を止めないとできない準備や後始末のことで、外段取り作業は、設備機械を止めないでできる準備や後始末のことです。

　具体的に、前者にはバイトやエンドミル、座標センサによる位置決めなどの治工具の取付けや取外しがあり、後者には材料の準備や清掃などがあります。これは、段取り作業中に機械の停止を最小限に維持できているかということです。

　この点についても、技術の進展によって内段取り作業が、外段取り作業にできるようになっていることもありますので注意すべき点です。

● 図表 7-4-1　所要時間（加工時間）の差の要因 ●

加工時間	作業時間の違い ・使用設備機械（性能、付帯装置、安全装置など） ・使用する金型・治工具 ・作業方法　　　　　・作業条件 ・掛持ち台数　　　　・作業スピード ・管理ロス時間　　　　など。
	段取り時間の違い ・外段取り時間 ・内段取り時間　　　　など。

● 図表 7-4-2　内段取り時間と外段取り時間 ●

内段取り時間	設備機械を止めないとできない段取り作業 ・治工具の取り付け ・治工具の取り外し ・工具類の位置出し　など。
外段取り時間	設備機械を止めなくてもできる段取り作業 ・材料の準備 ・工具類の後始末 ・清掃　　　など。

設計段階でのコスト見積りの活かし方（1）
設計段階では目標原価が設定されている

　前項までは、コストコントロールについて述べました。ここからは、コストダウンについて考えます。

　また、その対象は、「設計段階で、製品コストの80％は決まる。」といわれる設計にスポットをあてて、考えていきます。

　製品の設計段階では、一般に顧客に要求される品質や性能とともに目標コストが設定され、それらを満たすことが求められています。

　そして、目標コストを達成するためには、コスト情報が必要になります。

　設計活動は、**図表7-5-1**に示すように製品の全体像を考える構想設計⇒全体像をまとめ、製品の骨格を決定する基本設計⇒骨格から各部分の詳細を取決めしていく詳細設計という手順で、製品が、形作られていきます。

　構想設計では、顧客要求を満たすいくつかの全体構想を行い、その方式（やり方）とコストの順位付けを知ることです。

　次の基本設計では、方式に基づく構成ごとに概略コスト（コストレベル）を把握することです。これは、目標コストを構成に割付けることでもあります。この結果、割付けコストの範囲内での構成および構造を選択することになるわけです。

　そして、詳細設計では、構成や構造に割付けたコストから部品へのコスト割付けを行い、設定した割付けコストの範囲内で詳細な仕様にまとめあげることです。

　詳細設計が終了すると、設計部門から生産部門に図面や仕様書が発行することになります。通常は、この図面や仕様書の発行の前に、目標コストが達成できているかどうか確認するためのコスト見積りが実施されます。

　この段階で目標コストが達成できていないと、設計部門に戻され、設計の見直しを行い、目標コストの達成を求められることになります。

　製品設計の見直しは、開発期間の延長と開発費用の増加になるため、発生しないように進めていくことが強く求められます。

　また、製品設計活動のステップとコスト割付けについて**図表7-5-2**に示します。これは目標コストをユニット⇒部品⇒材料と仕様へと展開していきますので、コスト展開法と呼ばれます。

●図表 7-5-1　設計活動とコストの関係●

●図表 7-5-2　設計活動のステップとコストの割付け●

製品化ステップ
Ⅰ　製品企画段階 　(1) 顧客ニーズの把握 　(2) モックアップ 　(3) 性能・機能の設定
製品化の承認
Ⅱ　製品開発段階 　(1) 構想設計 　　①製品構想の立案 　(2) 基本設計 　　①製品の基本仕様の確認 　　②製品の基本機能のチェック
デザイン・レビュー（DR-1）
(3) 詳細設計 　　①組図・部品図の製作（形状、寸法、材質、公差等） 　　②組立性・分解性の検討
デザイン・レビュー（DR-2）
(4) 設計試作機手配
(5) 実機試験・テスト・評価
デザイン・レビュー（DR-3）
Ⅲ　試　作 　(1) 試作機の製作・評価（品保） 　(2) 試作機のサービス性の確認 　(3) 操作性の確認（一般ユーザー）
デザイン・レビュー（DR-4、5）
Ⅳ　量産試作
Ⅴ　量産

売価設定

目標コストの設定

ユニットへのコスト割付

部品へのコスト割付

設計段階でのコスト見積りの活かし方 (2)
設計の見直しに必要なコスト情報のまとめ方を考える

　ここでは、目標コストを達成するために必要なコスト情報をどのようにまとめるかについて考えます。具体的な例を示して、整理していきます。

　事例として家庭用複写機の開発を考えます。

　製品企画書には、目標コストが設定されています。設計者は、製品企画書に記載されている要求を満たし、なおかつ目標コストを達成する製品の全体像を考えます。これが、構想設計です。

　そして、その製品の全体像から構成要素について、要求された条件を満たす構造やユニットを検討します。これが基本設計です。

　そのときに、構造やユニットに目標コストの割り付けを行い、その金額を満たせる方式（やり方）を選択するのです。このコストの割り付けでは、一般的に自社で過去に製作した製品の実績データをもとにしています（**図表7-6-1**）。

　詳細設計では、割り付けられた目標コストを満たせるユニットや構造を部品に展開し、部品の形状や寸法、公差などの仕様を決めていくことになります。

　このように製品⇒ユニット⇒部品⇒材料という順序で原価の割り付けが行われていきます。

　これに対して、設計部門から図面や仕様書が発行される前の目標コストの確認では、材料⇒部品⇒ユニット⇒製品というようにコストを積み上げることになります。

　そして、図面や仕様書をもとに積上げたコストと目標コストの比較を行い、目標コストをクリアしていることを確認するのです（**図表7-6-2**）。

　もし、目標コストをクリアできていなければ、設計の見直しになるわけです。

　この手順の中では、大切なことが、見落とされていることがあります。

　それは、コスト割付けは実績データを用い、コストの積上げでは見積コストを用いることです。つまり、基準にするモノサシが違っています。このため、割付けコストも見積コストでそろえることが必要です。

● 図表 7-6-1　ユニットや構造へのコスト割付け ●

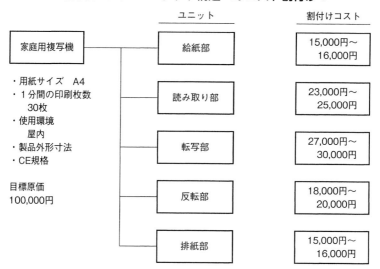

● 図表 7-6-2　部品へのコスト割付けと見積コストの比較 ●

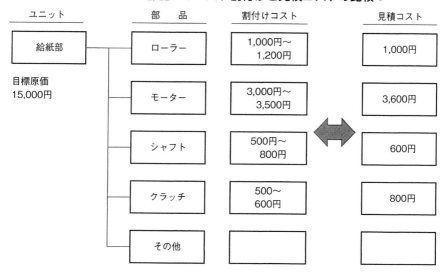

設計段階でのコストダウンのポイント
流用設計はコストダウンに大きな効果を発揮する

　ここでは、流用設計について考えます。
　流用設計とは、過去に生産されたことがある製品の設計データをもとに、その一部を改良して、新しい製品を設計する手法のことです。
　自動車や家電、事務機器などでは、以前から積極的に取り入れられてきています。
　しかし、その一方で、品質トラブルが発生すると大規模なものになりやすいこともあります。自動車のリコールなどは、その例の一つではないでしょうか。
　また、流用設計は、製品開発の期間を短縮するだけでなく、開発費用も削減できます。そして、何よりも製品の洗練化を進めることができます。
　この流用設計は、もともと標準化・共通化を進めたものと考えることができます。
　そして、標準化・共通化は、「数に勝るコストダウンなし」といわれるように、同一製品や部品を大量に作ることで、より大きなコストダウン効果を生むことが期待できます。
　この標準化・共通化は、材料、部品、ユニットの標準化・共通化が、流用設計に繋がってくるのです（図表7-7-1）。
　しかし、部品やユニットの標準化・共通化は大きな落とし穴を持っています。
　それは、図面に記載されている形状や寸法公差などの意味を理解しなくても、新しい製品を作成できてしまうことです。この結果、品質上のトラブルが発生したときに、その原因が分からずじまいになってしまうことが起こります。
　図表7-7-2に、プリンタシャフトが2種類示されています。このうち、流用元の図面は300 mmの長さの部品で、新規に600 mmの部品を作成しました。
　この部品を、300 mmのプリンタシャフトを作っている外注先に依頼したところ、製作できないとの回答を受けました。その理由は、300 mmのプリンタシャフトと同じ作り方では、真直度0.01 mmが確保できないからです。
　このように、数値の意味を考えないと、出来上がってくる製品の品質を確保できなくなります。

●図表7-7-1　標準化・共通化の対象●

①材料、部品、ユニット（モジュール化）など
②加工工程、使用機械、設備など
③工具、型、治具など
④作業手順、作業条件など
⑤使用される包装材料など
⑥使用される油脂、動力、運搬設備など
⑦検査方法、管理手段など

●図表7-7-2　2つのプリンタシャフト（例）●

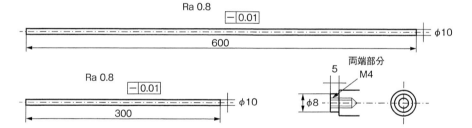

参考文献

「標準コスト算定技術マニュアル」	与那覇三男著
	日本コストエンジニアリング株式会社
「標準コストテーブル便覧」	与那覇三男著
	日本コストエンジニアリング株式会社
「現代からくり新書―工作機械の巻（NC旋盤編）」	
	日刊工業新聞社
「現代からくり新書―工作機械の巻（マシニングセンタ編）」	
	日刊工業新聞社
「研削作業の実務」	小林輝夫著　理工学社
「射出成形・金型マニュアル」	青葉　堯著　工業調査会
「精密板金加工の手引き」	アマダ板金加工研究会編著
（上）（中）（下）	マシニスト出版
「金型加工技術」	日本技能教育開発センター
（上）（下）	

索　引

【欧　数】

ATC（自動工具交換装置）……………… 76
APC（自動パレット交換装置）…………… 76
NCT プレス …………………………… 120

【あ　行】

アジャスター ……………………………… 8
穴加工 ……………………………… 78, 81, 88
板物加工 ………………………………… 78
一般フライス加工 ……………………… 78
一般余裕時間 ………………………… 150
エンゲージ角 …………………………… 90
円筒研削盤 …………………………… 104
エンドミル ……………………………… 92
エンドミル加工 ………………………… 78

【か　行】

外形加工 ………………………………… 54
加工コスト ………………………… 66, 152
加工時間 ………………… 38, 112, 164
加工費 ………………………………… 164
加工比率 ……………………………… 164
加工費レート …………………………… 38
金型費 ………………………………… 118
間接材料費 …………………………… 136
機械時間 ……………… 56, 102, 126, 152
基本設計 ……………………………… 170

脚長 …………………………………… 138
切込み回数 …………………………… 86
くわえ替え …………………………… 68
経済耐用年数 ………………………… 18
原価管理のサイクル ………………… 161
原価計算 ……………………………… 16
減価償却費 ……………………… 16, 124
工具径 ………………………………… 86
公差 ………………………… 2, 74, 98, 172
工順情報 ……………………………… 14
工場加工費 …………………………… 4
構想設計 …………………………… 170
黒皮 …………………………………… 72
コストアップ ………………………… 10
コスト基準 …………………………… 26
コスト基準要素 ……………………… 28
コストコントロール ………………… 160
コスト情報 …………………………… 168
コストセンター ……………………… 40
コスト展開法 ………………………… 168
コストの作り込み …………………… 24
コストメリット ………………………… 8
コストレベル ………………………… 168

【さ　行】

サイクルタイム ……………………… 142
材料管理費 …………………………… 36
材料使用量 …………………………… 34

175

材料選定	144
材料単価	34
材料の表面	72
差額解析	164
作業時間	50
絞り加工	120
シャーリング	120
収縮率	156
受注生産型	4
詳細設計	170
職場共通費率	44
ショット	148
スクラップ費	36
捨て研磨	112
ステップ・バック	96
スプリングバック	132
すみ肉溶接	134
図面の意図	100
寸法精度	130
生産数量情報	14
製造経費比率	44
設備固定費率	42
設備比例費率	42
センタもみ加工	89
センタレス研削盤	107
せん断加工	120
創造性	6
総抜き工程	124
側面加工	80
ソリ	10, 102

【た 行】

タップ加工	8, 89
段差加工	80
段取り時間	50
端面加工	58
チャージ	38
直接材料	32
追加加工	98
突合せ溶接	134
手扱い時間	138
転写	156
砥石	104
トラバース	107
トラバースカット	108
取り数	148
トレードオフ	24
ドレッシング	114

【な 行】

内形加工	54
内面研削盤	104
抜き加工	130
抜き勾配	156
熱可塑性樹脂	142
熱硬化性樹脂	142

【は 行】

パーツワーク	70, 72
バーリング加工	8
バーワーク	72

汎用プレス …………………………… 118	溝加工 ……………………………… 81
比切削抵抗 …………………………… 64	見積り合せ ………………………… 22
ビビリ ………………………………… 90	
費用削減 ……………………………… 2	**【や 行】**
標準時間 …………………………… 38, 48	溶接時間 …………………………… 136
表面粗さ ……………………………… 58	溶接条件 …………………………… 136
品目コスト ………………………… 128	
品目情報 ……………………………… 14	**【ら 行】**
フィードバック …………………… 132	リーマ加工 ………………………… 96
複合加工 ……………………………… 54	利益の獲得 ………………………… 2
歩留まりロス ………………………… 34	流用設計 …………………………… 172
部品表情報 ………………………… 14	レーザー加工機 …………………… 120
ブラスト ……………………………… 74	労働効率 ……………………………… 48
プランジ …………………………… 107	労務費率 ……………………………… 44
プレスレスフォーミング ………… 120	
ベアリング …………………………… 68	**【わ 行】**
平行度 …………………………… 70, 94	割付けコスト ……………………… 168
平面加工 ……………………………… 80	割増係数 ……………………………… 48
平面研削盤 ………………………… 104	ワンチャック ………………………… 70
平面度 ……………………………… 112	
ヘリカル加工 ………………………… 96	
ベンダー …………………………… 120	
棒材 …………………………………… 72	
法令 …………………………………… 4	

【ま 行】

前処理 ………………………………… 74
曲げ加工 …………………………… 120
丸物加工 ………………………… 54, 78
ミガキ材 ……………………………… 72
見込み生産型 ………………………… 4

――― 著者紹介 ―――

間舘　正義（まだて　まさよし）

1957年生まれ。産業能率短期大学卒業。日東工器㈱、関東精工㈱などで生産、営業などの実務経験を経て、1998年日本コストプランニング株式会社を設立。

経営コンサルタントとして、製品のコストを切り口にコストダウンを指導する。加工について、膨大なデータをソフト化した見積ソフトを開発し、指導に活用している。また、企業の新製品開発プロジェクトの体制作りや管理も行っている。

著書：「図解　原価管理」、「これならできる！経営分析」、「業務別に見直すコストダウンの進め方」、「原価管理入門スクール（通信教育）」ほか。

設計者のための
コスト見積もり力養成講座　　　NDC 500

2018年3月26日　初版1刷発行
2024年8月30日　初版7刷発行

（定価は，カバーに表示してあります）

　　　　　©著　　者　　間　　舘　　正　　義
　　　　　発 行 者　　井　　水　　治　　博
　　　　　発 行 所　　日　刊　工　業　新　聞　社
　　　　〒103-8548　東京都中央区日本橋小網町 14-1
　　　　　　　　　電話　編集部　03（5644）7490
　　　　　　　　　　　　販売部　03（5644）7403
　　　　　　　　　　　ＦＡＸ　　03（5644）7400
　　　　　　　　　　振替口座　　00190-2-186076
　　　　　　　　　URL　https://pub.nikkan.co.jp/
　　　　　　　　　e-mail　info_shuppan@nikkan.tech

　　　　　　　　印刷・製本　新日本印刷（POD6）

2018 Printed in Japan　　落丁・乱丁本はお取り替えいたします。
　　　　　　　　　　　　　　　　ISBN 978-4-526-07820-0
本書の無断複写は，著作権法上での例外を除き，禁じられています。